医药高等职业教育公共基础课程规划教材

高等数学

（供医药类各专业使用）

主　编　张　镝

副主编　马艳慧　王　桔　张　星

编　者　(以姓氏笔画为序)

马艳慧（长春医学高等专科学校）

王　洁（吉林水利电力职业学院）

王　桔（山东医学高等专科学校）

王锦霞（山东药品食品职业学院）

李三祥（湖南食品药品职业学院）

张　星（福建生物工程职业技术学院）

张　镝（长春医学高等专科学校）

郭家伽（重庆三峡医药高等专科学校）

中国健康传媒集团

中国医药科技出版社

内容提要

本教材为“医药高等职业教育公共基础课程规划教材”之一，系根据本套教材的编写指导思想和原则要求，结合专业培养目标和本学科的教学目标、内容与任务要求，同时紧密结合当前职业院校学生教学需求及高等数学课程建设需要编写而成。内容主要包括微积分学和简单的常微分方程部分。本教材为书网融合教材，即纸质教材有机融合电子教材、教学配套资源（PPT、微课、视频、图片等）、题库系统、数字化教学服务（在线教学、在线作业、在线考试）。

本教材供全国高等职业教育医药类各专业教学使用，也可作为高职高专层次学生高等数学的普及性教材。

图书在版编目（CIP）数据

高等数学/张镝主编．—北京：中国医药科技出版社，2020.12
医药高等职业教育公共基础课程规划教材
ISBN 978－7－5214－2142－2

Ⅰ.①高…　Ⅱ.①张…　Ⅲ.①高等数学—高等职业教育—教材　Ⅳ.①O13

中国版本图书馆CIP数据核字（2020）第237112号

美术编辑　陈君杞
版式设计　友全图文

出版　**中国健康传媒集团**｜中国医药科技出版社
地址　北京市海淀区文慧园北路甲22号
邮编　100082
电话　发行：010－62227427　邮购：010－62236938
网址　www.cmstp.com
规格　889×1194 mm 1/16
印张　10
字数　258千字
版次　2020年12月第1版
印次　2020年12月第1次印刷
印刷　廊坊市海玉印刷有限公司
经销　全国各地新华书店
书号　ISBN 978－7－5214－2142－2
定价　35.00元

获取新书信息、投稿、为图书纠错，请扫码联系我们。

出版说明

为深入贯彻《现代职业教育体系建设规划（2014—2020年）》以及《医药卫生中长期人才发展规划（2011—2020年）》文件的精神，满足高职高专医药院校公共基础课程培养目标的要求，不断提升人才培养水平和教育教学质量，在教育部、国家卫生健康委员会及国家药品监督管理局的领导和指导下，在本套教材建设指导委员会专家的指导和顶层设计下，中国医药科技出版社有限公司组织全国30余所高职高专院校及附属医疗机构近120名专家、教师精心编撰了医药高等职业教育公共基础课程规划教材，该套教材即将付梓出版。

本套教材共包括12门，主要供全国高等职业教育医药类院校各专业教学使用。

本套教材定位清晰、特色鲜明，主要体现在以下方面。

一、遵循教材编写的基本规律

本套教材编写遵循“三基、五性、三特定”的基本规律。基本理论和基本知识以“必需、够用”为度，兼顾学生终身学习能力的培养。公共基础课程是专业基础课程的基础，应该注意衔接专业基础课程教学的需要。但也注意把握好教材内容的深度和广度，不能要求大而全，以适应全国高等职业教育的需要为度，适当反映学科的新进展。

在保证教材思想性和科学性的基础上，特别强调教材的适用性与先进性。考虑到高等职业教育模式发展中的多样性，在教材的编写过程中，保障学生具备专业教学标准要求的知识和技能，适当兼顾不同院校学生的要求，以保证教材的适用性。教材的基本理论知识（如概念、名词术语等）应避免陈旧过时，要注意吐故纳新，做到科学先进，不陈旧，跟上学科发展步伐，保证内容的科学性和先进性。同时，教材应融传授知识、培养能力、提高素质为一体，重视培养学生的创新、获取信息及终身学习的能力，突出教材的启发性。

二、满足人才培养需要

教材编写应以专业培养目标为导向，满足3个需要（岗位需要、学教需要、社会需要）。这是编写本套教材的重要原则。

1. 岗位需要　是指教材编写应满足工作岗位所需的知识、技能、素质、心理等要求，有利于学生形成科学的思维和学习方法。

2. 学教需要　是指教材编写有利于学生学和教师教，符合学生的认知特点和教学规律。

3. 社会需要　是指教材编写应能够满足社会对学生知识和技能的要求、人文素质要求，使学生不仅能满足当前社会的要求，还具备一定的可持续发展潜力。

三、体现职教特色

高职高专教材不应该是本科教材的缩略版，应该体现职业教育的特色。

1. 以就业为导向，突出实用 高等职业教育培养的是技术技能型人才，不强调人才具有多么高的理论修养和渊博的知识，一切以生产岗位对人才能力的需求为中心，基础课程要突出素质要求，重点培养学生在岗位中必备的身体、心理、人文的素质。

2. 加强人文素养，全面提高学科素质 公共基础课程教材在强调实用的同时，也不能否定课程本身的属性和功能。公共基础课程不单是学习其他课程的基础，也是引导学生自身向高层次发展的基础，更是走向社会生活的基础。教材不仅要培养学生掌握相关的知识，还要引导学生的思想认识、道德修养、文化品位和审美情趣，注重创造力的培养，提高学生的整体素质。

3. 培养自学能力，提高职业能力 终身教育、继续教育已逐渐成为国际公认的教育理念。不会自学，就不会有自我发展和创造能力。教材是教本，教材的编写应注重把学生的自学能力培养起来，教材编写注重让学生触类旁通，举一反三，掌握学习方法，养成自学习惯。

四、多媒融合配套增值服务

纸质教材与数字教材融合，提供给师生多种形式的教学共享资源，以满足教学的需要。本套教材在纸质教材建设过程中增加书网融合内容，此外，还搭建与纸质教材配套的“在线学习平台”，增加网络增值服务内容（如课程 PPT、试题、视频、动画等），使教材内容更加生动化、形象化。

编写出版本套高质量教材，得到了全国知名专家的精心指导和各有关院校领导与编者的大力支持，在此一并表示衷心感谢。出版发行本套教材，希望受到广大师生欢迎，并在教学中积极使用本套教材，提出宝贵意见，以便修订完善，共同打造精品教材。

医药高等职业教育公共基础课程规划教材

建设指导委员会

医药高等职业教育公共基础课程规划教材

评审委员会

数字化教材编委会

主　编　张　镝　李　芳

副主编　马艳慧　王　桔　张　星　王　洁

编　者　（以姓氏笔画为序）

马艳慧（长春医学高等专科学校）
王　洁（吉林水利电力职业学院）
王　桔（山东医学高等专科学校）
王锦霞（山东药品食品职业学院）
吕晓敏（山东医学高等专科学校）
李　芳（山东医学高等专科学校）
李三祥（湖南食品药品职业学院）
张　星（福建生物工程职业技术学院）
张　镝（长春医学高等专科学校）
郭家伽（重庆三峡医药高等专科学校）

前言

本教材为“医药高等职业教育公共基础课程规划教材”之一，系根据教育部规定的《高职高专教育高等数学课程教学基本要求》，针对职业院校学生特点，以提升学生数学文化修养为目标，由全国七所高职高专院校从事高等数学教育教学的一线教师悉心编写而成。

高等数学课程为公共必修课程，其根本目的在于培养和提升学生的数学素养，使学生在学习过程中掌握科学的研究方法和基本理论，为后续课程和解决实际问题做好基础和铺垫。本教材贯彻“以应用为目的，以必需够用为度”的编写原则，体现联系实际、厘清概念、注重应用、提高素质的编写特色。本教材选取微积分学的基本内容和简单的常微分方程内容，与中学初等数学的基本理论和学习方法紧密结合，具有较强的适用性和可读性。为更好地与中学数学课程衔接，本教材特将函数设置为独立章节，使学生自然过渡到抽象化的高等数学学习阶段。教材全部内容设置分为函数、极限和连续、导数与微分、微分中值定理与导数的应用、不定积分、定积分及其应用、微分方程共七个章节。

本教材以培养科学的数学思维为主线，紧密结合高职高专学生的学习特点，简化相关概念及定理，增加联系实际内容。在形式方面，每章有机贯穿了学习目标、案例导入、知识链接、课堂互动等模块，既有较强的可读性，又充分体现了数学教学由浅入深、论证清晰、系统性强等特点。

本教材由编委会集体讨论、分工编写而成，各章撰写人员如下：第一章由张镝编写；第二章由张星编写；第三章由王锦霞、张镝共同编写；第四章由李三祥、王洁共同编写；第五章由王桔编写；第六章由马艳慧编写；第七章由郭家伽编写。

在本书的编写过程中，剖析和对比了大量同类教材、借鉴了全国同行编写的经验，全体编写人员付出了辛勤的劳动，在此表示最诚挚的感谢和敬意。虽经过多次审校，本书难免有所疏漏，敬请专家和广大读者提出宝贵意见！

编　者

2020 年 10 月

目录

第一章　函　　数

学习目标

知识目标

1. 掌握函数的概念、基本初等函数的性质和初等函数定义。
2. 熟悉反函数、复合函数的概念。
3. 了解函数关系的建立方法。

技能目标

1. 能运用邻域进行变量连续变化范围的表达。
2. 能判断函数是否为初等函数及相关性质。
3. 能根据实际问题建立数学模型。

微积分学的主要内容，是以极限为工具，研究连续的实函数的一门学科。本章作为微积分学的开篇，将介绍函数的基本问题，对中学所介绍的函数进行进一步的总结和阐述。

案例讨论

【案例】 国际流行的体重指数法（BMI），即体重（m，千克）与身高（l，米）平方的比值：

$$K=\frac{m}{l^2}$$

若 K 介于 18.5 至 22.9 之间属于正常，大于 23 即为超重，大于 25 即为肥胖。随着年龄的增长，身高、体重也在不断变化，得到的 BMI 值也有所不同。

【讨论】 1. 对于同样身高的几名同学，每次给出一名同学的体重可以计算得到唯一的确定的 BMI 值吗?

2. 随着体重的增加，BMI 值会如何变化呢?

第一节　集合与函数

PPT

一、集合与区间

（一）集合的概念

1. 集合　一般地，我们把研究对象称为元素，把具有某种共同属性的元素的总体称为集合，简称集。

集合具有确定性和互异性。例如，“某职业院校2021级新生”是一个集合；“身材偏瘦的人”不能构成一个集合，因为它的元素不是确定的。

我们通常用大写字母 A，B，C，…表示集合，用小写字母 a，b，c，…表示集合中的元素。如果 a 是集合 A 中的元素，记作：$a \in A$，读作 a 属于 A；如果 a 不是集合 A 中的元素，记作：$a \notin A$，读作 a 不属于 A。

一个集合中，只有有限个元素，称为有限集；不是有限集的集合称为无限集。

对于数集，在使用中，常常规定几个常用集合：

（1）全体非负整数组成的集合叫做非负整数集（或自然数集），记作 N；

（2）所有正整数组成的集合叫做正整数集，记作N^+；

（3）全体整数组成的集合叫做整数集，记作 Z；

（4）全体有理数组成的集合叫做有理数集，记作 Q；

（5）全体实数组成的集合叫做实数集，记作 R。

2. 集合的表示方法

（1）列举法　把集合的元素一一列举出来，并用“{}”括起来表示集合，例如

$$A=\{a_1, a_2, a_3, a_4\}$$

（2）描述法　用集合所有元素的共同特征来表示集合，例如

$$M=\{x \mid x>0\}$$

3. 集合间的基本关系

（1）子集　一般地，对于两个集合 A、B，如果集合 A 中的任意一个元素都是集合 B 的元素，我们就说 A、B 有包含关系，称集合 A 为集合 B 的子集，记作 $A \subseteq B$（或 $B \supseteq A$）；如果集合 A 是集合 B 的子集，但存在一个元素属于 B 但不属于 A，我们称集合 A 是集合 B 的真子集。

（2）相等　如果集合 A 中的元素与集合 B 中的元素完全一样，则集合 A 与集合 B 相等，

记作 $A=B$

（3）空集　我们把不含任何元素的集合叫做空集，记作 ϕ。并规定，空集是任何集合的子集。

（二）区间与邻域

1. 变量　我们在观察某一现象的过程时，常常会遇到各种不同的量，其中有的量在过程中不变化，我们将其称之为常量，通常用字母 a，b，c，…表示；有的量在过程中是变化的，也就是可以取不同的数值，称为变量，通常用字母 x，y，t，…表示。

2. 区间　在数轴上，介于某两个实数之间的全体实数称为区间，这两个实数叫做区间的端点。区间的表示方法详见表1－1。

表1－1　区间的表示方法

名称	区间的满足的不等式	区间的表示符号	区间在数轴上的表示
闭区间	$a \leqslant x \leqslant b$	$[a, b]$	[a,b]　a　b　x
开区间	$a<x<b$	(a, b)	(a,b)　a　b　x

续表

名称	区间的满足的不等式	区间的表示符号	区间在数轴上的表示
半开半闭区间	$a<x\leqslant b$ 或 $a\leqslant x<b$	$(a,\ b]$ 或 $[a,\ b)$	$(a,b]$：a b x $[a,b)$：a b x

3. 邻域 设 α 与 δ 是两个实数，且 $\delta>0$。满足不等式 $|x-\alpha|<\delta$ 的实数 x 的全体称为点 α 的 δ 邻域，点 α 称为此邻域的中心，δ 称为此邻域的半径，记作 $U(\alpha,\delta)$，即

$$U(\alpha,\delta)=\{x\mid |x-\alpha|<\delta\}=(\alpha-\delta,\alpha+\delta)$$

有时我们用到的邻域需要把中心点 α 去掉，点 α 的 δ 邻域去掉中心 α 之后称为点 α 的去心 δ 邻域，记作 $U^{o}(\alpha,\delta)$，即

$$U^{o}=\{x\mid 0<|x-\alpha|<\delta\}=(\alpha-\delta,\alpha)\cup(\alpha,\alpha+\delta)$$

邻域在数轴上的表示如图 1－1 所示。

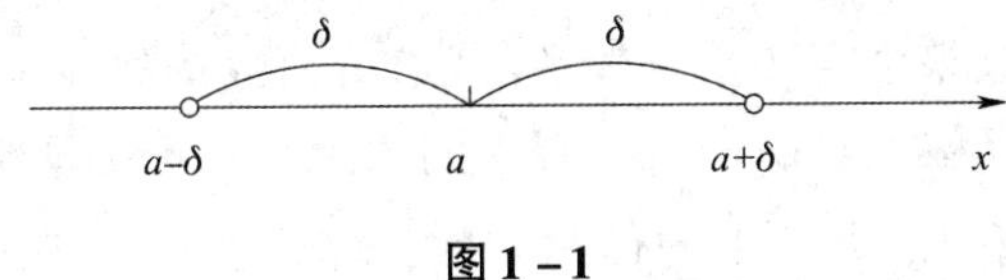

图 1－1

二、函数

（一）函数的概念

如果当变量 x 在其变化范围内任意取定一个数值时，变量 y 按照一定的法则 f 总有确定的数值与它对应，则称 y 是 x 的函数。变量 x 的变化范围叫做这个函数的定义域。通常 x 叫做自变量，y 叫做函数值（或因变量），变量 y 的变化范围叫做这个函数的值域。

为了表明 y 是 x 的函数，我们用记号 $y=f(x)$、$y=F(x)$ 等来表示。这里的字母“f”“F”表示 y 与 x 之间的对应法则即函数关系，它们是可以任意采用不同的字母来表示的。如果自变量在定义域内任取一个确定的值时，函数只有一个确定的值和它对应，这种函数叫做单值函数，否则叫做多值函数。这里我们只讨论单值函数。

（二）函数的表示方法

1. 解析法 用数学式子表示自变量和因变量之间的对应关系的方法即是解析法。

例：直角坐标系中，一、三象限的角平分线的方程为：$y=x$。

2. 表格法 将一系列的自变量值与对应的函数值列成表来表示函数关系的方法即是表格法。

例：在实际应用中，我们经常会用到的平方表，三角函数表等都是用表格法表示的函数。如（表 1－2）：

表 1－2 正弦函数表

x	0	$\pi/2$	π	$3\pi/2$	2π
$\sin x$	0	1	0	-1	0

3. 图象法 用坐标平面上曲线来表示函数的方法即是图象法。一般用横坐标表示自变量，纵坐标表示因变量。

例：直角坐标系中，一、三象限的角平分线用图象法表示为（图1-2）：

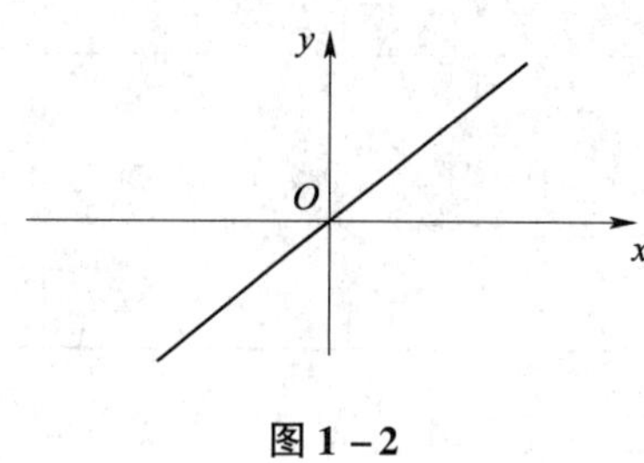

图1-2

三、函数的几种特性

（一）函数的有界性

如果存在与 x 无关的常数M，使得对属于某一区间 I 的所有 x 值，总有 $|f(x)|\leqslant M$ 成立，那么我们就称 $f(x)$ 在区间 I 有界，否则便称无界。

注：一个函数，如果在其整个定义域内有界，则称为有界函数。

例：余弦函数 $\cos x$ 在 $(-\infty,+\infty)$ 内是有界的，因为无论 x 取何值，$|\cos x|\leqslant 1$ 都能成立，这里可以取 $M=1$，当然也可以取大于1的任意常数；而函数 $y=x$ 在 $(-\infty,+\infty)$ 内是无界的，因为不存在常数M，使得 $y=x\leqslant M$。

（二）函数的单调性

如果函数 $f(x)$ 在区间 (a,b) 内随着 x 增大而增大，即：对于 (a,b) 内任意两点 x_1 及 x_2，当 $x_1<x_2$ 时，有 $f(x_1)<f(x_2)$，称函数 $f(x)$ 在区间 (a,b) 内是单调增加的。

如果函数 $f(x)$ 在区间 (a,b) 内随着 x 增大而减小，即：对于 (a,b) 内任意两点 x_1 及 x_2，当 $x_1<x_2$ 时，有 $f(x_1)>f(x_2)$，则称函数 $f(x)$ 在区间 (a,b) 内是单调减小的。

例 证明函数 $f(x)=x^2$ 在区间 $(-\infty,0)$ 上是单调减小的，在区间 $(0,+\infty)$ 上是单调增加的。

证明：任取 $x_1,\ x_2\in(0,+\infty)$，且 $x_1<x_2$，则

$$f(x_1)-f(x_2)=x_1^2-x_2^2=(x_1+x_2)(x_1-x_2)$$

因为 $0<x_1<x_2$，所以 $x_1+x_2>0$，$x_1-x_2<0$，故 $f(x_1)<f(x_2)$；

所以函数 $f(x)=x^2$ 在区间 $(0,+\infty)$ 上是单调增加的。

同理可证，函数 $f(x)=x^2$ 在区间 $(-\infty,0)$ 上单调减小。

（三）函数的奇偶性

如果函数 $f(x)$ 对于定义域内的任意 x 都满足 $f(-x)=f(x)$，则 $f(x)$ 叫做偶函数；如果函数 $f(x)$ 对于定义域内的任意x都满足 $f(-x)=-f(x)$，则 $f(x)$ 叫做奇函数。

偶函数的图形关于y轴对称；奇函数的图形关于原点对称。奇函数、偶函数的定义域必关于原点对称。

例：正弦函数 $y=\sin x$ 为奇函数，余弦函数 $y=\cos x$ 为偶函数，因为由三角函数的知识可知，$\sin(-x)=-\sin x$，$\cos(-x)=\cos x$。

（四）函数的周期性

对于函数 $f(x)$，若存在一个不为零的数 l，使得关系式 $f(x+l)=f(x)$ 对于定义域内任何 x 值

都成立，则$f(x)$叫做周期函数，l是$f(x)$的周期。

函数的周期不唯一，我们说的周期函数的周期是指最小正周期。

例：函数$\sin x$，$\cos x$是以2π为周期的周期函数，函数$\tan x$是以π为周期的周期函数。因为由三角函数的知识可知，$\sin(x+2\pi)=\sin x$，$\cos(x+2\pi)=\cos x$，$\tan(x+\pi)=\tan x$。

课堂互动

设$f(x)=\begin{cases}1, & x\in Q\\ 0, & x\notin Q\end{cases}$，求$f\left(\frac{3}{4}\right)$，$f(\sqrt[3]{4})$，并讨论函数$f(f(x))$的性质。

四、反函数

微课

（一）反函数的定义

设有函数$y=f(x)$，若变量y在函数的值域内任取一值y_0时，变量x在函数的定义域内必有一值x_0与之对应，即$f(x_0)=y_0$，那么变量x是变量y的函数。这个函数用$x=\varphi(y)$来表示，称为函数$y=f(x)$的反函数，记为$y=f^{-1}(x)$。

由此定义可知，函数$y=f(x)$也是函数$x=\varphi(y)$的反函数。

（二）反函数的性质

在同一坐标平面内，$y=f(x)$与$x=\varphi(y)$的图形是关于直线$y=x$对称的。

例：函数$y=2^x$与函数$y=\log_2 x$互为反函数，则它们的图形在同一直角坐标系中是关于直线$y=f(x)$对称的，如图1－3所示。

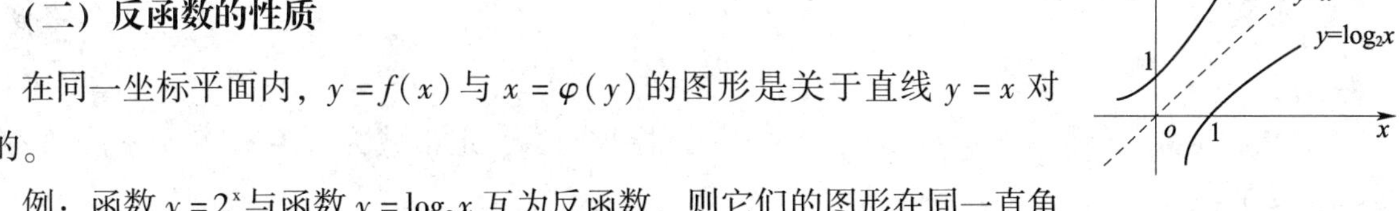

图1－3

五、复合函数

若y是u的函数$y=f(u)$，而u又是x的函数$u=\varphi(x)$，且$\varphi(x)$的函数值的全部或部分在$f(u)$的定义域内，那么，y也是x的函数，我们称后一个函数是由函数$y=f(u)$及$u=\varphi(x)$复合而成的函数，简称复合函数，记作$y=f[\varphi(x)]$，其中u叫做中间变量。

并不是任意两个函数就能复合；复合函数还可以由更多函数构成。例如：

函数$y=\arcsin u$与函数$u=3+x^2$是不能复合成一个函数的。

因为对于$u=3+x^2$的定义域$(-\infty,+\infty)$中的任何x值所对应的u值都大于或等于3，使$y=\arcsin u$都没有定义。

函数$y=\ln u$，$u=t^2$，$t=\sin x+1$，则可复合为函数$y=\ln(\sin x+1)^2$。

课堂互动

下列函数是由哪些简单函数复合而成的？

1. $y=\sqrt{x^3+1}$　　2. $y=(\log_3 x+2)^3$

3. $y=3^{-2t+1}$　　4. $y=\tan(3+\ln x)$

PPT

微课

第二节 初等函数

一、基本初等函数

我们将幂函数、指数函数、对数函数、三角函数、反三角函数统称为基本初等函数。基本初等函数的图形和性质在初等数学中已经学习过，这里将这些函数的表示方法和性质进行总结。

1. 幂函数 函数 $y=x^a$（a 为任意实数）为幂函数，其定义域与 a 相关。$a=1$，2，3，-1 是常见的幂函数。常用幂函数图形如图 1-4 所示。

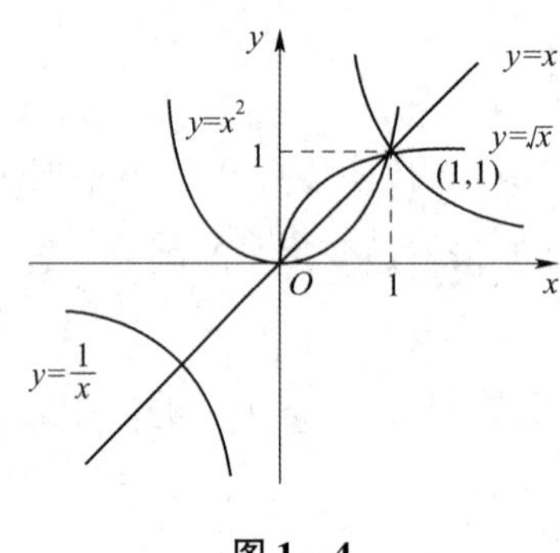

图 1-4

2. 指数函数 函数 $y=a^x$（$a>0$，$a\neq1$）为指数函数，定义域为（$-\infty$，$+\infty$），值域为（0，$+\infty$）。

当 $a>1$ 时，函数单调增加；当 $0<a<1$ 时，函数单调减少。如图 1-5 所示，$y=a^x$ 的图形与 $y=a^{-x}$ 的图形关于 y 轴对称，且过（0，1）点。

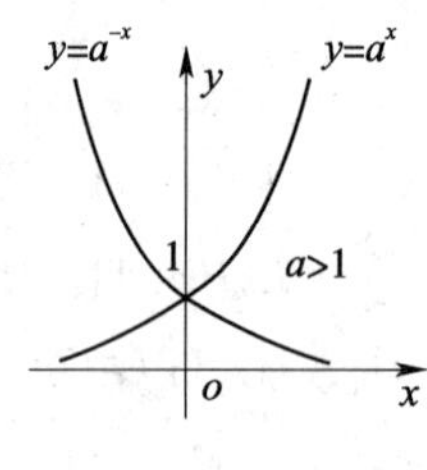

图 1-5

3. 对数函数 指数函数 $y=a^x$ 的反函数 $y=\log_a x$（$a>0$，$a\neq1$）为对数函数，定义域为（0，$+\infty$），值域为（$-\infty$，$+\infty$）。

其图形总位于 y 轴右侧，并过（1，0）点。

当 $a>1$ 时，$y=a^x$ 在定义域内单调增加。在区间（0，1）的函数值为负；在区间（1，$+\infty$）的函数值为正。

当 $0<a<1$ 时，$y=a^x$ 在定义域内单调减少。在区间（0，1）的函数值为正；在区间（1，$+\infty$）的函数值为负。

函数图形如图 1-6 所示。

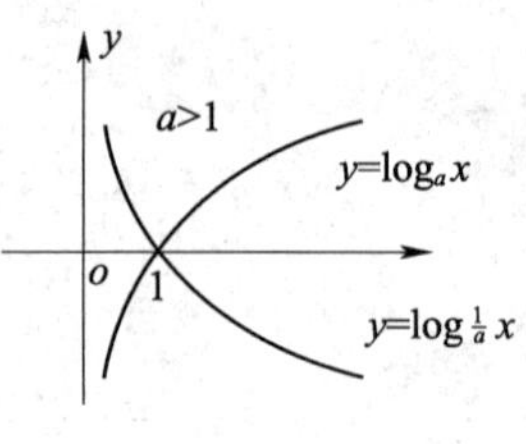

图 1-6

4. 三角函数 三角函数有 6 种：

正弦函数 $y=\sin x$　　　　与切函数 $y=\cot x$

余弦函数 $y=\cos x$　　　　正割函数 $y=\sec x$

正切函数 $y=\tan x$　　　　余割函数 $y=\csc x$

5. 反三角函数 反三角函数是三角函数的反函数，常用的有4种。

（1）反正弦函数 $y=\arcsin x$，函数图形如图1-7所示。在定义域区间［-1，1］是单调增加的奇函数，值域为$\left[-\frac{\pi}{2},\frac{\pi}{2}\right]$。

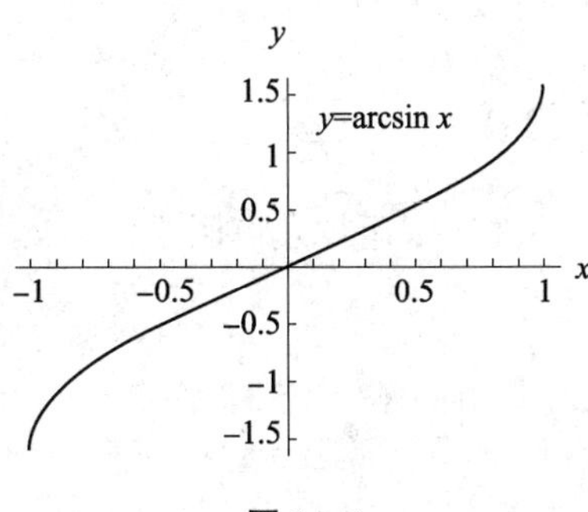

图1-7

（2）反余弦函数 $y=\arccos x$，函数图形如图1-8所示。在定义域区间［-1，1］是单调减少，值域为［0，π］。

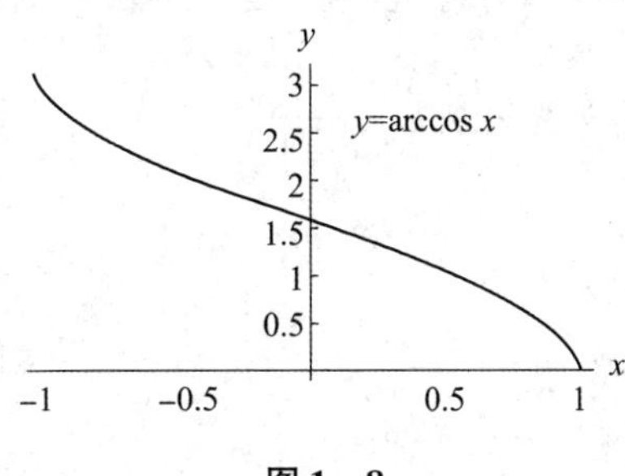

图1-8

（3）反正切函数 $y=\arctan x$，函数图形如图1-9所示。在定义域区间（-∞，+∞）是单调增加的奇函数，值域为$\left(-\frac{\pi}{2},\frac{\pi}{2}\right)$。

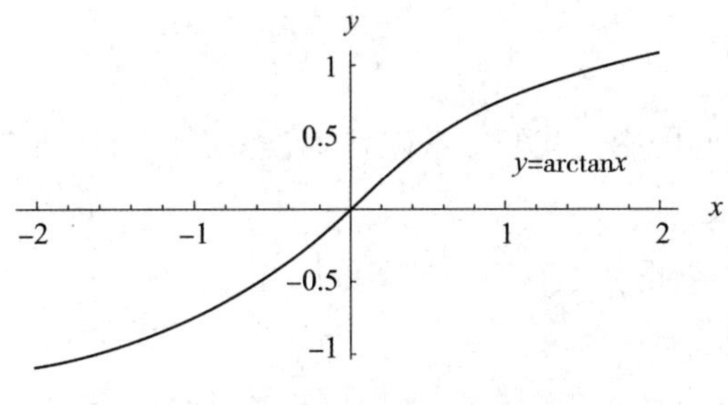

图1-9

（4）反余切函数 $y=\text{arccot}\,x$，函数图形如图1-10所示。在定义域区间（-∞，+∞）是单调减少的，值域为（0，π）。

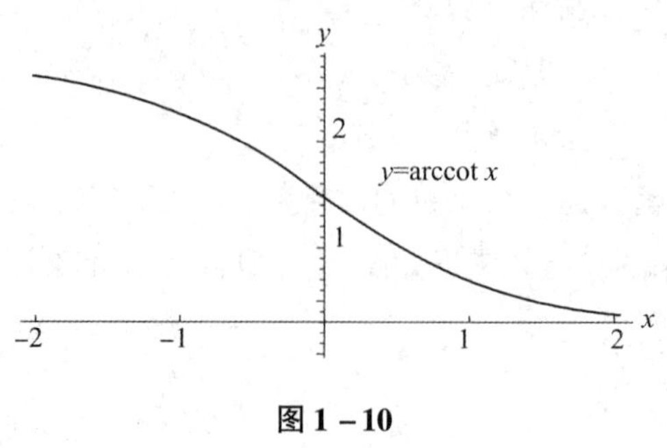

图 1－10

二、初等函数

由基本初等函数与常数经过有限次四则运算及有限次的函数复合所产生并且能用一个解析式表示出的函数称为初等函数。

例如，$y=\sqrt{x^2+1}$，$y=\sin^2 x$，$y=\arcsin(3x+5)$，$y=2^{\cos x}+\ln(\sqrt[3]{4^{3x}+3}+\sin 8x)$ 等都是初等函数。

例 1 求由函数 $y=\sin u$，$u=\ln t$，$t=x^2+2$ 复合而成的函数。

解：将 $t=x^2+2$ 代入 $u=\ln t$，有 $u=\ln(x^2+2)$；再将 u 函数代入 $y=\sin u$，得 $y=\sin[\ln(x^2+2)]$。

例 2 函数 $y=\tan\left(e^{\frac{1}{x}}\right)$是初等函数吗？它由哪些基本初等函数复合而成？

解：函数 $y=\tan\left(e^{\frac{1}{x}}\right)$ 可分解为 $y=\tan u$，$u=e^t$，$t=\dfrac{1}{x}$，为基本初等函数经过三次复合得到，是初等函数。

课堂互动

思考：$y=|x|$ 是初等函数么？

PPT

微课

第三节 函数关系的建立

一、建立函数模型

在用数学方法解决实际问题中，我们常常碰到函数模型没有明确给出的情况，那应该如何选择和确定函数模型来解决问题呢？

假设现在有一笔资金用于投资，有三种方案可供选择。

方案一：每天回报 40 元。

方案二：第一天回报 10 元，以后每天都比前一天多回报 10 元。

方案三：第一天回报 0.4 元，以后每天都为前一天的 2 倍。

分析题目，可得到回报 y 元随第 x 天变化的关系，建立函数关系，从而帮助我们进行投资决策。

用解析式表示为：

方案一：$y=40$，方案二：$y=10x$，方案三：$y=0.4\times2^{x-1}$。

用图像表示为（图 1-11）：

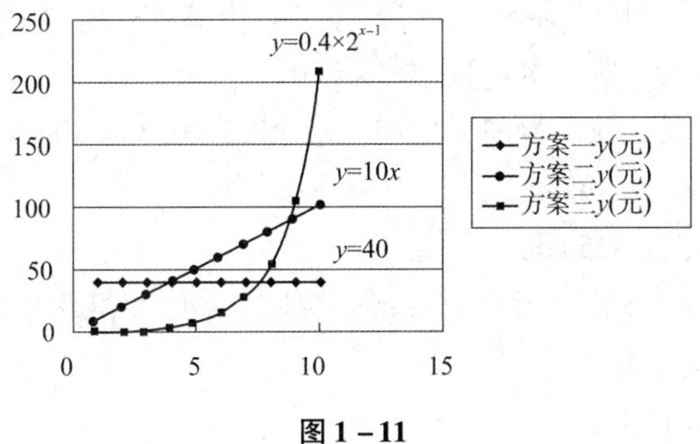

图 1-11

用表格表示为（表 1-3）：

表 1-3　每日投资回报表

方案 \ 天数	1	2	3	4	5	6	7	8	9
方案一	40	40	40	40	40	40	40	40	40
方案二	10	20	30	40	50	60	70	80	90
方案三	0.4	0.8	1.6	3.2	6.4	12.8	25.6	51.2	102.4

一般地，建立函数关系的步骤如下。

第一步：观察问题中的变量。

第二步：寻找变量间的关系。

第三步：用适当的方法（解析式、图像、图表）表示出来。

二、函数应用举例

例 1　某市出租车按如下方式收费：当行驶里程不超过 3km 时，一律收起步费 10 元；当里程超过 3km 时，除起步费外，对超过 3km 不超过 10km 的部分，按每千米 2 元计费；对超过 10km 的部分，按每千米 3 元计费。试写出车费 C 与行驶里程 s 间的函数关系。

解：由题目可知，

当里程 $s\leqslant3$km 时，车费 C 恒为 10 元；

当里程 3km$\leqslant s\leqslant$10km 时，车费 C 为起步费用 10 元与超出 3km 之外的费用 $2(x-3)$ 之和，即 $C=10+2(s-3)=2s+4$；

当里程 $s\geqslant10$km 时，车费 C 为起步费用 10 元，3～10km 之间的费用 $2\times(10-3)=14$ 元，以及超过 10km 部分的费用 $3(x-10)$ 三部分之和，即 $C=24+3(s-10)=3s-6$；

故函数关系为

$$C=\begin{cases}10, & s\leqslant3\\2s+4, & 3\leqslant s\leqslant10\\3s-6, & s\geqslant10\end{cases}$$

例 2　某市一家报刊摊点，从报社买进晚报的价格是每份 2 元，卖出的价格是每份 3 元，卖

不掉的报纸以每份 0.5 元的价格退回报社。在一个月（按 30 天计）中，有 20 天每天可以卖出 400 份，其余 10 天每天只能卖出 250 份，但每天的进货量必须相同。问摊主每天要进多少份，才能使每月获利最大。

解：设摊主每天进报纸 x 份，成本为 $(2x)\times 30$ 元，由题意可知 $250\leqslant x\leqslant 400$

有 20 天可以卖出 400 份，收入为（$3x$）$\times 20=60x$

有 10 天只能卖出 250 份，收入为 $[3\times 250+(x-250)\times 0.5]\times 10=5x+6250$

则总获利 $y=5x+6250$。

当 $x=400$ 时，y 最大，为 8250 元。

例 3 用长度 24m 的材料围成一个矩形花园，要使矩形的面积最大，则矩形的长为多少？

解：设矩形长为 x，则宽为 $12-x$

面积 $S=x(12-x)=-(x-6)^2+36$

由二次函数相关知识得，当长为 6m 时面积最大，最大面积为 36m^2。

知识链接

马尔萨斯人口增长模型

人口问题是当今世界各国普遍关注的问题。认识人口数量的变化规律，可以为有效控制人口增长提供依据。早在 1798 年，英国经济学家马尔萨斯（T. R. Malthus，1766—1834）就提出了自然状态下的人口增长模型：

$$y=y_0e^{rt}$$

式中，t 表示经过的时间，y_0 表示 $t=0$ 时的人口数，r 表示人口的年平均增长率。

由函数表示可知，在自然状态下，人口会以指数形式呈现快速增长的趋势。当然在现实世界中，因为资源、环境等因素对人口增长会有阻滞作用，人口不可能无限增长，一个地区能容纳的最多人口的数量即为环境容纳量。

本章小结

本章我们一起学习了函数的相关知识，包括函数的定义、性质及应用。

简而言之，函数表示变量随另一个变量变化而变化的规律，两个主要要素为定义域及对应法则。定义域为自变量的变化范围，为了描述范围我们首先引入了集合的概念，并学习了特殊的集合——区间（连续变化的集合）及特殊的区间——邻域；对应法则可以用解析式、图像、表格表示。

定义了函数，自然要研究函数的常见性质，主要包括函数的有界性、单调性、奇偶性和周期性。

基本初等函数中，指数函数、幂函数、三角函数在中学较为常见，但对数函数和反三角函数我们接触较少，引入反函数的概念和性质，利用指数函数和三角函数加深对对数函数及反三角函数的理解。

有时两个变量之间的关系并不直接，需要其他变量做“传导”，从而有了复合函数的概念：若 $y=f(u)$，$u=g(x)$，则有 $y=f[g(x)]$。

由基本初等函数与常数经过有限次的有理运算及复合运算所产生，能用一个解析式表出的函数称为初等函数。初等函数是本书主要研究的对象。

一、选择题

1. 下列各组函数中，是相同函数的是（　　）

A. $f(x)=\ln x^2$ 和 $g(x)=2\ln x$　　B. $f(x)=x$ 和 $g(x)=(\sqrt{x})^2$

C. $f(x)=|x|$ 和 $g(x)=\sqrt{x^2}$　　D. $f(x)=\frac{|x|}{x}$ 和 $g(x)=1$

2. 函数 $f(x)$ 的定义域为 $[0,1]$，则函数 $f(\ln x)$ 的定义域为（　　）

A. $[1, e]$　　B. $[e, +\infty]$　　C. $(0, e]$　　D. $(1, e)$

3. 函数 $y=\frac{1-x^2}{\sqrt{|x|-1}}+\arcsin(x-1)$ 的定义域是（　　）

A. $(0, 2]$　　B. $[0, 2]$　　C. $(1, 2]$　　D. $[1, 2]$

4. 函数 $y=x\tan x$ 是（　　）

A. 有界函数　　B. 单调函数　　C. 偶函数　　D. 周期函数

5. 函数 $y=\frac{e^x-e^{-x}}{2}$ 是（　　）

A. 奇函数　　B. 偶函数　　C. 非奇非偶函数　　D. 无法确定

6. 设 $f(x)$ 是定义在 $(-\infty, +\infty)$ 内的函数，且 $f(x)\neq C$，则下列必是奇函数的是（　　）

A. $f(x^3)$　　B. $[f(x)]^3$

C. $f(x)\cdot f(-x)$　　D. $f(x)-f(-x)$

7. 设 $f(x)=\begin{cases}1 & |x|<1\\ 0 & |x|=1\\ -1 & |x|>1\end{cases}$，$g(x)=e^x$，则 $g(f(\ln 2))$ 为（　　）

A. e　　B. 1　　C. $\frac{1}{e}$　　D. -1

8. 函数 $y=[x]=n$，$n\leqslant x<n+1$，$n=0, \pm1, \pm2, \cdots$ 的值域为（　　）

A. R　　B. Z　　C. N　　D. Z^+

9. $f(x)=\lg(x+1)$ 在（　　）内有界

A. $(1, +\infty)$　　B. $(2, +\infty)$　　C. $(1, 2)$　　D. $(-1, 1)$

10. 下列函数在区间 $(-\infty, +\infty)$ 上单调减少的是（　　）

A. $\sin x$　　B. 2^x　　C. x^2　　D. $3-x$

二、填空题

1. 不等式 $|x-5|<1$ 用区间表示为________，用邻域表示为________。

2. 函数 $y=\sin\ln(2x)$ 是由函数________复合而成。

3. 设 $f(x)=\frac{x}{1+x^2}$，则 $f\left(\frac{1}{x}\right)=$________。

4. 函数$f(x)=\ln\sin(\cos^2 x)$的图形关于________对称。

5. 函数$f(x)=e^x$，$g(x)=\sin x$，则$f[g(x)]=$________。

三、思考题

按照银行规定，某种存款一年期年利率为4.2%，半年期存款的年利率为4.0%，每笔存款到期后，银行将自动转存为同样期限的存款。现有A元存入银行，两年后取出，则何种期限的存款有较高的收益？高多少？

第二章　极限和连续

学习目标

知识目标

1. 掌握函数极限、无穷小、函数连续性等概念；极限的四则运算法则，两个重要极限，无穷小等价代换的应用。

2. 熟悉左右极限的概念，无穷小的比较，闭区间上连续函数的性质。

3. 了解函数间断点的基本分类。

技能目标

1. 能运用夹逼定理，两个重要极限，四则运算定理求极限。

2. 能判断函数的连续性和间断点。

极限是贯穿“高等数学”始终的一个重要概念，它是这门课程的基本推理工具。连续则是函数的一个重要性态，连续函数是高等数学研究的主要对象。本章将介绍极限与连续的基本知识，为以后的学习奠定必要的基础。

案例讨论

熟练工的工时数

生产同一产品，熟练工所需的工时数比新手要少。因为当你不断重复做同一种工作时，你的操作方法会不断得到改善，操作时间会慢慢减少并逐渐接近于一个确定的时间。

分析：对此极限问题，首先我们可以依据常识做直观的理解；其次，引入数学符号、数学概念：用 n 代表生产产品数量，a_n 代表生产一件产品的时间，则 n 不断增加时，a_n 则逐渐接近于一个确定的时间 t，用极限的符号表示为 $\lim\limits_{n\to\infty}a_n=t$。

日取锤半问题

一尺之锤，日取其半，万世不竭，所余趋零。这个问题说的是，有一把一尺长的锤子，一天取一半，永远取不完，但所余却不断减少，逐渐趋于零。

分析：对此极限问题，首先我们可以依据常识做直观的理解，每天取半锤之所以余可表示为$\frac{1}{2}$，$\frac{1}{4}$，$\frac{1}{8}$，$\frac{1}{16}\cdots$，则很容易看出随着分母增大，分式值越来越小；其次，引入数学符号、数学概念，用 n 代表第 n 天，则随着天数 n 的不断增大，$\frac{1}{2^n}$就会越来越小，最后趋于零，用极限符号表示为 $\lim\limits_{n\to\infty}\frac{1}{2^n}=0$。

PPT

第一节 极限的概念

一、数列的极限

(一) 数列的定义

定义 2.1 设函数 $a_n=f(n)$，其中 n 为正整数，那么按自变量 n 增大的顺序排列的一串数 $f(1)$，$f(2)$，$f(3)$，…，$f(n)$，…，称为数列，记作 $\{a_n\}$ 或数列 a_n，称 $a_n=f(n)$ 为数列的通项。

数列的有界性、单调性等定义与函数的相应定义基本一致。即若存在一个常数 $M>0$，使得 $|a_n|\leqslant M(n=1, 2, \cdots)$ 恒成立或存在两个正数 M 和 m，使得 $m\leqslant a_n\leqslant M$($M$ 称为上界，m 称为下界)，则称数列 a_n 为有界数列，或称数列有界；若数列 a_n 满足 $a_n\leqslant a_{n+1}(n=1, 2, \cdots)$ 或 $a_n\geqslant a_{n+1}(n=1, 2, \cdots)$ 则分别称 $\{a_n\}$ 为单调递增数列或单调递减数列，这两种数列统称为单调数列。

下面我们来观察几个数列的变化趋势：

(1) $2, \frac{3}{2}, \frac{4}{3}, \cdots, 1+\frac{1}{n}, \cdots$，通项为 $a_n=1+\frac{1}{n}$；

(2) $0, \frac{1}{2}, \frac{2}{3}, \cdots, 1-\frac{1}{n}, \cdots$，通项为 $a_n=1-\frac{1}{n}$；

(3) $1, 2, 1, \frac{3}{2}, 1, \cdots, 1+\frac{1+(-1)^n}{n}, \cdots$，通项为 $a_n=1+\frac{1+(-1)^n}{n}$。

数列变化趋势即极限问题是本节所关心的。我们可以看到，(1) 为单调递减数列，(2) 为单调递增数列，(3) 为有界数列，但不是单调数列。但是数列 (1) (2) (3) 都有一种共同的现象，即当 n 无限变大时，它们都无限地接近于 1，这就是极限。那么对于极限应该怎样描述呢？下面我们引入极限的概念，来描述数列的变化趋势。

(二) 数列的极限

定义 2.2 对于数列 $\{a_n\}$，当 n 无限增大时，如果数列的项 a_n 无限接近于某个确定的常数 A，则称数列 $\{a_n\}$ 收敛于常数 A，常数 A 也称为数列 $\{a_n\}$ 的极限，通常记为

$$\lim_{n\to\infty}a_n=A \text{ 或 } a_n\to A(n\to\infty)$$

如果不存在这样的常数 A，则称数列 $\{a_n\}$ 是发散的。

数列 (1)、(2)、(3) 的极限分别表示为

$$\lim_{n\to\infty}\left(1+\frac{1}{n}\right)=1, \lim_{n\to\infty}\left(1-\frac{1}{n}\right)=1, \lim_{n\to\infty}\left(1+\frac{1+(-1)^n}{n}\right)=1。$$

注：(1) 不是所有数列都收敛，如数列 $a_n=(-1)^n$ 就没有极限。

(2) 数列收敛则数列有界，但数列有界，不一定收敛。

(3) 单调有界数列必有极限。

(4) 任意改变一个数列的有限项，并不影响原有的变化趋势，所有极限也不发生变化。

二、函数的极限

上面我们讨论了作为特殊函数的数列 $a_n=f(n)$ 当 $n\to\infty$ 时的变化情况，本节我们比照数列极限来研究函数极限。可以想到，两者虽然在形式上有所差异，但在本质上，在极限观点上应该是一致的。下面我们来讨论函数 $y=f(x)$，当自变量 x 的绝对值无限增大（即 $x\to\infty$）时函数的变化趋势。

（一）函数 $f(x)$ 当 $x\to\infty$ 时的极限

定义 2.3　对于函数 $y=f(x)$，如果当自变量 x 的绝对值无限增加时，函数 $y=f(x)$ 的值无限接近于某个确定的常数 A，则称常数 A 是函数 $y=f(x)$ 当 $x\to\infty$ 时的极限，记为

$$\lim_{x\to\infty}f(x)=A \text{ 或 } f(x)\to A(x\to\infty)$$

如果不存在这样的常数 A，则称函数 $y=f(x)$ 当 $x\to\infty$ 时极限不存在，或称 $\lim\limits_{x\to\infty}f(x)$ 不存在。

注：(1) 这里 $x\to\infty$ 分为 $x\to+\infty$ 和 $x\to-\infty$，当 $x\to+\infty$ 时极限存在，记为 $\lim\limits_{x\to+\infty}f(x)=A$，当 $x\to-\infty$ 时极限存在，记为 $\lim\limits_{x\to-\infty}f(x)=A$。

(2) 当且仅当 $\lim\limits_{x\to+\infty}f(x)=\lim\limits_{x\to-\infty}f(x)=A$ 时，$\lim\limits_{x\to\infty}f(x)=A$。

(3) $\lim\limits_{x\to+\infty}f(x)$ 和 $\lim\limits_{x\to-\infty}f(x)$ 只要有一个极限不存在，或者二者极限都存在但不相等，则 $\lim\limits_{x\to\infty}f(x)$ 不存在。

例 1　根据函数图像讨论函数 $y=a^x(0<a<1)$ 当 $x\to\infty$ 时的极限。

解：根据图 2-1，由极限定义可知

$$\lim_{x\to+\infty}a^x=0,\quad \lim_{x\to-\infty}a^x \text{ 极限不存在}$$

从而 $\lim\limits_{x\to\infty}a^x$ 极限不存在。

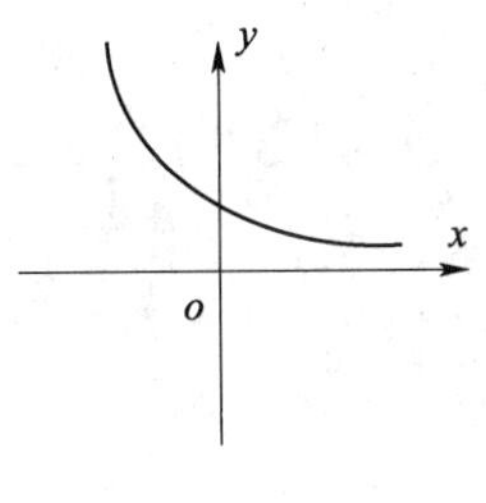

图 2-1

（二）函数 $f(x)$ 当 $x\to x_0$ 时的极限

我们来看一个大家都熟悉的例子，当 x 无限接近于 1 时，函数 $f(x)=\dfrac{2(x^2-1)}{x-1}$ 趋向于什么？显然，当 $x\neq1$，x 无限接近于 1 时，函数 $f(x)=\dfrac{2(x^2-1)}{x-1}=2(x+1)$ 趋向于 4，这就是函数的极限。下面给出函数 $f(x)$ 当 $x\to x_0$ 时的极限定义。

1. 函数 $f(x)$ 当 $x\to x_0$ 时的极限定义

定义 2.4　设函数 $y=f(x)$ 在 x_0 的某一去心邻域内有定义，如果当自变量 x 无限接近于 x_0，但 $x\neq x_0$ 时，函数 $y=f(x)$ 的值无限接近于某个确定的常数 A，则称常数 A 是函数 $y=f(x)$ 当 $x\to x_0$ 时的极限，记为

$$\lim_{x\to x_0}f(x)=A \text{ 或 } f(x)\to A(x\to x_0)$$

如果不存在这样的常数 A，则称函数 $y=f(x)$ 当 $x\to x_0$ 时极限不存在，或称 $\lim\limits_{x\to x_0}f(x)$ 不存在。

2. 极限存在的充要条件

定理 2.1　$\lim\limits_{x\to x_0}f(x)=A$ 当且仅当 $\lim\limits_{x\to x_0^-}f(x)=\lim\limits_{x\to x_0^+}f(x)=A$。

注：(1) $\lim\limits_{x\to x_0^-}f(x)$ 称为左极限，$\lim\limits_{x\to x_0^+}f(x)$ 称为右极限。

(2) 设 C 为常数，则 $\lim\limits_{x\to x_0}C=C$。

例 2 设$f(x)=\begin{cases}-x, & x\leqslant 0\\ x, & x>0\end{cases}$，讨论$\lim\limits_{x\to 0^-}f(x)$，$\lim\limits_{x\to 0^+}f(x)$，$\lim\limits_{x\to 0}f(x)$是否存在。

解：如图 2-2，由$f(x)$的图像不难看出

$$\lim_{x\to 0^-}f(x)=\lim_{x\to 0^-}(-x)=0$$

$$\lim_{x\to 0^+}f(x)=\lim_{x\to 0^+}x=0$$

从而由定理 2.1 得

$$\lim_{x\to 0}f(x)=0$$

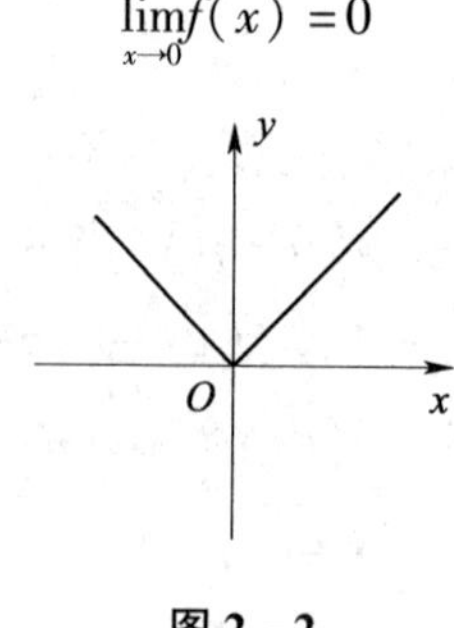

图 2-2

例 3 设$f(x)=\begin{cases}x+2, & x>0\\ 0, & x=0\\ x-2, & x<0\end{cases}$，讨论$\lim\limits_{x\to 0^-}f(x)$，$\lim\limits_{x\to 0^+}f(x)$，$\lim\limits_{x\to 0}f(x)$ 是否存在。

解：

$$\lim_{x\to 0^-}f(x)=\lim_{x\to 0^-}(x-2)=-2$$

$$\lim_{x\to 0^+}f(x)=\lim_{x\to 0^+}(x+2)=2$$

从而由定理 2.1 得

$$\lim_{x\to 0^-}f(x)\neq\lim_{x\to 0^+}f(x)$$

故$\lim\limits_{x\to 0}f(x)$不存在。

习题 2-1

1. 判断下列数列极限是否收敛

(1) $\lim\limits_{n\to\infty}\dfrac{1}{2^n}$　　(2) $\lim\limits_{n\to\infty}\dfrac{n}{n+1}$

(3) $\lim\limits_{n\to\infty}(-1)^n$　　(4) $\lim\limits_{n\to\infty}\sin\dfrac{n\pi}{2}$

2. 判断下列命题是否正确

(1) 有界数列一定收敛吗？

(2) 发散数列一定是无界数列吗？

(3) 单调数列一定是收敛数列吗？

3. 求下列极限

(1) $\lim\limits_{x\to\infty}\dfrac{2}{3x}$　　(2) $\lim\limits_{x\to 0}2^x$

(3) $\lim\limits_{x\to 0}|x|$　　(4) $\lim\limits_{x\to\infty}e^{x}$

(5) $\lim\limits_{x\to\infty}\arctan x$　　(6) $\lim\limits_{x\to\frac{\pi}{2}}\sin x$。

4. 设函数 $f(x)=\dfrac{|x|}{x}$，试讨论当 $x\to 0$ 时，函数的极限是否存在。

5. 设 $f(x)=\begin{cases}2x-1, & x<0\\ 0, & x=0\\ x+2, & x>0\end{cases}$，讨论 $\lim\limits_{x\to 0^-}f(x)$，$\lim\limits_{x\to 0^+}f(x)$，$\lim\limits_{x\to 0}f(x)$ 是否存在。

第二节　极限的运算法则

PPT

一、极限的四则运算法则

定理 2.2　若 $\lim\limits_{x\to x_0}f(x)=A$，$\lim\limits_{x\to x_0}g(x)=B$，（$A$，$B$ 为常数）则

1. $\lim\limits_{x\to x_0}[f(x)\pm g(x)]=\lim\limits_{x\to x_0}f(x)\pm\lim\limits_{x\to x_0}g(x)=A\pm B$；

2. $\lim\limits_{x\to x_0}[f(x)\cdot g(x)]=\lim\limits_{x\to x_0}f(x)\cdot\lim\limits_{x\to x_0}g(x)=AB$；

3. $\lim\limits_{x\to x_0}\dfrac{f(x)}{g(x)}=\dfrac{\lim\limits_{x\to x_0}f(x)}{\lim\limits_{x\to x_0}g(x)}=\dfrac{A}{B}(B\neq 0)$。

此定理称为极限四则运算法则。

注：定理 2－2 同样适应于 $x\to\infty$ 和数列的情形。

推论 1　常数可以提到极限号前，即 $\lim\limits_{x\to x_0}cf(x)=c\lim\limits_{x\to x_0}f(x)$。

推论 2　若 $\lim\limits_{x\to x_0}f(x)=A$，且 n 为正整数，则 $\lim\limits_{x\to x_0}[f(x)]^n=[\lim\limits_{x\to x_0}f(x)]^n=A^n$。

例 1　求极限 $\lim\limits_{x\to 1}(x^2+8x-7)$。

解：运用定理 2.2 及其推论可得

$$\begin{aligned}\lim_{x\to 1}(x^2+8x-7)&=\lim_{x\to 1}x^2+\lim_{x\to 1}8x-\lim_{x\to 1}7\\&=(\lim_{x\to 1}x)^2+8\lim_{x\to 1}x-\lim_{x\to 1}7\\&=1^2+8-7=0\end{aligned}$$

一般地，有

$$\begin{aligned}&\lim_{x\to x_0}(a_nx^n+a_{n-1}x^{n-1}+\cdots+a_1x+a_0)\\&=a_nx_0^n+a_{n-1}x_0^{n-1}+\cdots+a_1x_0+a_0\end{aligned}$$

即多项式函数在 x_0 处的极限等于该函数在 x_0 处的函数值。

例 2　求极限 $\lim\limits_{x\to -1}\dfrac{3x^2+8x+7}{2x^2-6x+4}$。

解：由例题 1 知，当 $x\to -1$ 时所给函数的分子和分母的极限都存在，且分母极限为 $\lim\limits_{x\to 1}(2x^2-6x+4)=2\times(-1)^2-6\times(-1)+4=12\neq 0$，

所以由定理2-2商的极限运算法则，可得

$$\lim_{x\to -1}\frac{3x^2+8x+7}{2x^2-6x+4}=\frac{\lim\limits_{x\to -1}(3x^2+8x+7)}{\lim\limits_{x\to -1}(2x^2-6x+4)}$$

$$=\frac{3\times(-1)^2+8\times(-1)+7}{12}$$

$$=\frac{2}{12}=\frac{1}{6}$$

例3 求极限$\lim\limits_{x\to 4}\frac{x^2-7x+12}{x^2-5x+4}$。

解：所给函数的分子、分母在$x\to 4$时的极限均为0，我们称为$\frac{0}{0}$型，但它们都有趋向于0的公因子$(x-4)$，称为“零因子”

$$\lim_{x\to 4}\frac{x^2-7x+12}{x^2-5x+4}=\lim_{x\to 4}\frac{(x-3)(x-4)}{(x-1)(x-4)}$$

$$=\lim_{x\to 4}\frac{(x-3)}{(x-1)}=\frac{\lim\limits_{x\to 4}(x-3)}{\lim\limits_{x\to 4}(x-1)}$$

$$=\frac{4-3}{4-1}=\frac{1}{3}$$

这种$\frac{0}{0}$型求极限的方法是：先将分子、分母因式分解，然后消去分子、分母中的公共“零因子”，再利用定理2.2求极限。后面我们还遇到$\frac{\infty}{\infty}$型，$\infty-\infty$型，$0\cdot\infty$型等。

二、复合函数的极限法则

定理2.3 设$\lim\limits_{x\to x_0}\varphi(x)=a$，$\lim\limits_{u\to a}f(u)=A$，且在点$x_0$的某个去心邻域内$\varphi(x)\neq a$，则复合函数$f[\varphi(x)]$当$x\to x_0$时的极限存在，且

$$\lim_{x\to x_0}f[\varphi(x)]=\lim_{u\to a}f(u)=A$$

定理的证明从略。定理中的x_0或a换成∞，有类似的定理。这个定理说明，求复合函数的极限，可以先求内层函数的极限，再求相应外层函数的极限。

例4 求$\lim\limits_{x\to 2}\sqrt{\frac{x-2}{x^2-2}}$的极限。

解：运用定理2.3可得

$$\lim_{x\to 2}\sqrt{\frac{x-2}{x^2-2}}=\sqrt{\lim_{x\to 2}\frac{x-2}{x^2-2}}=\sqrt{\lim_{x\to 2}\frac{1}{x+2}}=\sqrt{\frac{1}{4}}=\frac{1}{2}$$

例5 求$\lim\limits_{x\to\infty}e^{\frac{1}{x}}$的极限。

解：运用定理2.3可得

$$\lim_{x\to\infty}e^{\frac{1}{x}}=e^{\lim\limits_{x\to\infty}\frac{1}{x}}=e^0=1$$

三、函数极限的性质

我们只列出$x\to x_0$的情形，其他如$x\to\infty$，$x\to+\infty$，$x\to-\infty$，$x\to x_0^+$，$x\to x_0^-$及数列极限等

的情形有相似的性质。

性质1　（唯一性）：若极限$\lim\limits_{x\to x_0}f(x)$存在，则极限唯一。

性质2　（局部有界性）：若$\lim\limits_{x\to x_0}f(x)=A$，则存在一个$\delta>0$，使得$f(x)$在$x_0$的去心邻域$(x_0-\delta, x_0)\cup(x_0, x_0+\delta)$内有界。

证明从略。

例如，对$f(x)=x$，因为$\lim\limits_{x\to 1}f(x)=1$存在，所有$f(x)=x$在点$x=1$的某去心邻域如$(0, 1)\cup(1, 2)$内有界，而函数$f(x)=x$在其定义域$(-\infty, +\infty)$内无界。

性质3　（保不等式性）：若$x\to x_0$时$f(x)$，$g(x)$极限存在且在x_0的去心邻域$(x_0-\delta, x_0)\cup(x_0, x_0+\delta)$内有$f(x)\leqslant g(x)$，则$\lim\limits_{x\to x_0}f(x)\leqslant\lim\limits_{x\to x_0}g(x)$。

证明从略。

推论　设$\lim\limits_{x\to x_0}f(x)=A$，$\lim\limits_{x\to x_0}g(x)=B$，且$A<B$，则$\exists\delta>0$，$\forall x\in\overset{0}{U}(x_0, \delta)$，有$f(x)<g(x)$。

1. 求极限

(1) $\lim\limits_{x\to -2}(3x^4-5x^2+x-6)$

(2) $\lim\limits_{x\to \frac{1}{3}}(27x^2-3)(6x+5)$

(3) $\lim\limits_{x\to 2}\dfrac{x^2+5}{x^2-3}$

(4) $\lim\limits_{x\to\sqrt{3}}\dfrac{x^2-3}{x^4+x^2+1}$

2. 求极限

(1) $\lim\limits_{x\to 3}\sqrt{\dfrac{x-3}{x^2-3}}$

(2) $\lim\limits_{x\to 2}\ln(x+5)$

第三节　极限存在准则与两个重要极限

PPT

一、极限存在准则（两边夹准则）

定理2.4　两边夹准则（夹逼定理）设在点x_0的某个去心邻域内，有

$$g(x)\leqslant f(x)\leqslant h(x)$$

且

$$\lim_{x\to x_0}g(x)=A,\ \lim_{x\to x_0}h(x)=A$$

则$\lim\limits_{x\to x_0}f(x)=A$。

证明：根据函数极限性质3（保不等式性）。

因为$g(x)\leqslant f(x)\leqslant h(x)$

所以$\lim\limits_{x\to x_0}g(x)\leqslant\lim\limits_{x\to x_0}f(x)\leqslant\lim\limits_{x\to x_0}h(x)$

又因$\lim\limits_{x\to x_0}g(x)=A$，$\lim\limits_{x\to x_0}h(x)=A$

所以$\lim\limits_{x\to x_0}f(x)=A$。

第一个重要极限：

$$\lim_{x\to 0}\frac{\sin x}{x}=1$$

极限$\lim\limits_{x\to 0}\frac{\sin x}{x}=1$的证明可以通过定理2.4推出，这里证明从略。这个极限十分重要，常称之为重要极限，运用它可以推证或计算许多其他的极限。

注：（1）极限类型为$\frac{0}{0}$型，该极限可以形象地表示为$\lim\limits_{\square\to 0}\frac{\sin\square}{\square}=1$（方框代表同一变量）。

（2）同理，类似地有$\lim\limits_{\square\to 0}\frac{\square}{\sin\square}=1$。

例1 计算$\lim\limits_{x\to 0}\frac{\tan x}{x}$。

解：$\lim\limits_{x\to 0}\frac{\tan x}{x}=\lim\limits_{x\to 0}\left(\frac{\sin x}{x}\cdot\frac{1}{\cos x}\right)=\lim\limits_{x\to 0}\frac{\sin x}{x}\cdot\lim\limits_{x\to 0}\frac{1}{\cos x}=1$

这个结果可作为公式使用

$$\lim_{x\to 0}\frac{\tan x}{x}=1$$

例2 计算$\lim\limits_{x\to 0}\frac{1-\cos x}{x^2}$

解：$\lim\limits_{x\to 0}\frac{1-\cos x}{x^2}=\lim\limits_{x\to 0}\frac{2\sin^2\frac{x}{2}}{x^2}=\lim\limits_{x\to 0}\left(\frac{1}{2}\cdot\frac{\sin\frac{x}{2}}{\frac{x}{2}}\right)^2=\frac{1}{2}\lim\limits_{x\to 0}\left(\frac{\sin\frac{x}{2}}{\frac{x}{2}}\right)^2=\frac{1}{2}\times 1=\frac{1}{2}$

这个结果可作为公式使用

$$\lim_{x\to 0}\frac{1-\cos x}{x^2}=\frac{1}{2}$$

例3 计算$\lim\limits_{x\to 0}\frac{\sin 3x}{5x}$。

解：令$3x=u$，当$x\to 0$时$u\to 0$，因此有

$$\lim_{x\to 0}\frac{\sin 3x}{5x}=\lim_{u\to 0}\frac{\sin u}{\frac{5}{3}u}=\frac{3}{5}\lim_{u\to 0}\frac{\sin u}{u}=\frac{3}{5}\times 1=\frac{3}{5}$$

例4 计算$\lim\limits_{x\to 0}\frac{\arcsin x}{x}$。

解：令$\arcsin x=u$，则$x=\sin u$，当$x\to 0$时$u\to 0$，因此有

$$\lim_{x\to 0}\frac{\arcsin x}{x}=\lim_{u\to 0}\frac{u}{\sin u}=1$$

二、单调有界收敛准则

我们先介绍一个定理。

定理2.5 单调有界数列必有极限。

第二个重要极限：

$$\lim_{x\to\infty}\left(1+\frac{1}{x}\right)^x=e$$

极限$\lim\limits_{x\to\infty}\left(1+\frac{1}{x}\right)^x=e$，可以由定理2.5进行证明，这里从略。

注：(1) 极限$\lim\limits_{x\to\infty}\left(1+\frac{1}{x}\right)^x=e$类型为$1^\infty$型，可形象地表示为$\lim\limits_{\square\to\infty}\left(1+\frac{1}{\square}\right)^{\square}=e$（方框内代表同一变量）。

(2) 利用变量代换，有$\lim\limits_{x\to0}(1+x)^{\frac{1}{x}}=e$，可形象地表示为$\lim\limits_{\square\to0}(1+\square)^{\frac{1}{\square}}=e$（方框内代表同一变量）。

极限中的数e是一个无理数，$e=2.7182818\cdots$，人们常运用这个重要极限计算一些极限，计算的关键是将所给函数向$\left(1+\frac{1}{x}\right)^x$或$(1+x)^{\frac{1}{x}}$这两种标准形式转化。

例5　计算$\lim\limits_{x\to\infty}\left(1+\frac{1}{x}\right)^{-x}$。

解：$\lim\limits_{x\to\infty}\left(1+\frac{1}{x}\right)^{-x}=\lim\limits_{x\to\infty}\left[\left(1+\frac{1}{x}\right)^x\right]^{-1}=\left[\lim\limits_{x\to\infty}\left(1+\frac{1}{x}\right)^x\right]^{-1}=e^{-1}$

求此类极限时，要注意幂的运算法则的正确应用，如

$$a^{m+n}=a^m a^n,\ (a^m)^n=a^{mn}$$

例6　计算$\lim\limits_{x\to0}(1-x)^{\frac{2}{x}}$。

解：$\lim\limits_{x\to0}(1-x)^{\frac{2}{x}}=\lim\limits_{x\to0}[1+(-x)]^{\left(-\frac{1}{x}\right)\cdot(-2)}\lim\limits_{x\to0}\{[1+(-x)]^{\left(\frac{1}{-x}\right)}\}^{(-2)}=e^{-2}$

例7　计算$\lim\limits_{x\to\infty}\left(\frac{2-x}{3-x}\right)^{x+2}$。

解：因为

$$\frac{2-x}{3-x}=\frac{3-x+(-1)}{3-x}=1+\frac{1}{x-3}$$

所以令$u=x-3$，当$x\to\infty$时$u\to\infty$，因此有

$$\lim_{x\to\infty}\left(\frac{2-x}{3-x}\right)^{x+2}=\lim_{u\to\infty}\left(1+\frac{1}{u}\right)^{u+5}$$

$$=\lim_{u\to\infty}\left[\left(1+\frac{1}{u}\right)^u\cdot\left(1+\frac{1}{u}\right)^5\right]=e\cdot1=e$$

习题2-3

1. 求极限

(1) $\lim\limits_{x\to\pi}\frac{\tan x}{x}$　　(2) $\lim\limits_{x\to\infty}\frac{\sin x}{x}$

(3) $\lim\limits_{x\to\infty}x\sin\frac{1}{x}$　　(4) $\lim\limits_{x\to0}\frac{\sin\alpha x}{\sin\beta x}$ $(\beta\neq0)$

2. 求极限

(1) $\lim\limits_{x\to0}(1-3x)^{\frac{2}{x}}$　　(2) $\lim\limits_{x\to\infty}\left(1+\frac{5}{x}\right)^{-x}$

(3) $\lim\limits_{x\to\infty}\left(\frac{x}{1+x}\right)^{x+2}$　　(4) $\lim\limits_{x\to\infty}\left(\frac{3-2x}{2-2x}\right)^x$

PPT

微课

第四节　无穷小与无穷大、无穷小的比较

一、无穷小

（一）无穷小的概念

定义 2.5　若函数 $y=f(x)$ 在 x 的某种趋向下以零为极限，则称函数 $y=f(x)$ 是 x 的这种趋向下的无穷小量，简称无穷小，记为 $\lim\limits_{x\to x_0}f(x)=0$（或 $\lim\limits_{x\to\infty}f(x)=0$），通常用希腊字母 α，β，γ 等表示。

例如，x^2，$\tan x$ 是 $x\to0$ 时的无穷小，$\dfrac{1}{2x}$，$\dfrac{3}{x^3}$ 是 $x\to\infty$ 是的无穷小。

注：(1) 无穷小总是与自变量 x 的变化过程有关。如 $\dfrac{1}{2x}$，$\dfrac{3}{x^3}$ 是 $x\to\infty$ 是的无穷小，当 x 趋向于任何一个常数时，他们都不是无穷小。

(2) 常数的极限是它本身，所以绝对值很小的非零常数及负无穷大量都不是无穷小量。但是零作为函数它是无穷小量，因为它的极限是零。

（二）无穷小的性质

在同一变化过程中，无穷小具有如下性质：

(1) 有限个无穷小的代数和仍然是无穷小。

(2) 有限个无穷小的积仍然是无穷小。

(3) 有界函数与无穷小的乘积仍然是无穷小。

(4) 常数与无穷小之积仍然是无穷小。

例 1　证明 $\lim\limits_{x\to\infty}\dfrac{\cos x}{x}=0$。

证：因为 $\dfrac{\cos x}{x}=\dfrac{1}{x}\cdot\cos x$，其中 $\cos x$ 为有界函数，$\dfrac{1}{x}$ 为当 $x\to\infty$ 时的无穷小量，所以由无穷小的性质 3 可知，$\lim\limits_{x\to\infty}\dfrac{\cos x}{x}=0$。

二、无穷大

（一）无穷大的概念

定义 2.6　若函数 $y=f(x)$ 在 x 的某种趋向下 $|f(x)|$ 无限增大，则称函数 $y=f(x)$ 是 x 的这种趋向下的无穷大量，简称无穷大，记为 $\lim\limits_{x\to x_0}f(x)=\infty$（或 $\lim\limits_{x\to\infty}f(x)=\infty$）。

例如，x^2，$\tan x$ 是 $x\to\infty$ 时的无穷大，$\dfrac{1}{2x}$，$\dfrac{3}{x^3}$ 是 $x\to0$ 时的无穷大。

注：(1) 无穷大总是与自变量 x 的变化过程有关。如 x^2，$\tan x$ 是 $x\to\infty$ 时的无穷大，当 x 趋向于任何一个常数时，他们都不是无穷大。

(2) 常数的极限是它本身，所以绝对值非常大的常数不是无穷大量。

（3）无穷大（∞）包含正无穷大（+∞）和负无穷大（-∞）。

（二）无穷大和无穷小的关系

定理 2.6　在同一变化过程中，如果$f(x)$是无穷小（其中$f(x)\neq 0$），则$\frac{1}{f(x)}$是无穷大；反之，若$f(x)$是无穷大，则$\frac{1}{f(x)}$是无穷小。

例 2　求极限$\lim\limits_{x\to\infty}\frac{x^2+x+12}{2x^2-x+4}$。

解：因为当$x\to\infty$时，分子、分母的极限都不存在，所以不能直接利用定理 2.2 进行求解。我们称这种极限为$\frac{\infty}{\infty}$型，这是可先用分子、分母中的最高次幂x^2去除分子、分母，然后再求极限。

$$\lim_{x\to\infty}\frac{x^2+x+12}{2x^2-x+4}=\lim_{x\to\infty}\frac{1+\frac{1}{x}+\frac{12}{x^2}}{2-\frac{1}{x}+\frac{4}{x^2}}=\frac{\lim\limits_{x\to\infty}\left(1+\frac{1}{x}+\frac{12}{x^2}\right)}{\lim\limits_{x\to\infty}\left(2-\frac{1}{x}+\frac{4}{x^2}\right)}=\frac{1}{2}$$

当$x\to\infty$时，求有理分式的极限时，可以先用分子、分母中的最高次幂x^2去除分子、分母，然后再求极限。一般地，有

$$\lim_{x\to x_0}\frac{a_0x^m+a_1x^{m-1}+\cdots+a_{m-1}x+a_m}{b_0x^n+a_1x^{n-1}+\cdots+b_{n-1}x+b_n}=\begin{cases}0, & m<n\\ \frac{a_0}{b_0}, & m=n\\ \infty, & m>n\end{cases}$$

例 3　求极限$\lim\limits_{x\to 2}\left(\frac{x}{x^2-4}-\frac{1}{x-2}\right)$。

解：由于括号内两项的极限都是无穷大，因此常称此类极限为$\infty-\infty$型，不能直接运用极限运算法则。一般的处理方法是先通分，在运用前面介绍的求极限的方法求解。

$$\begin{aligned}\lim_{x\to 2}\left(\frac{x}{x^2-4}-\frac{1}{x-2}\right)&=\lim_{x\to 2}\frac{x^2-x-2}{x^2-4}\\&=\lim_{x\to 2}\frac{(x-2)\ (x+1)}{(x-2)\ (x+2)}\\&=\lim_{x\to 2}\frac{(x+1)}{(x+2)}=\frac{3}{4}\end{aligned}$$

例 4　求极限$\lim\limits_{x\to\infty}2^{\frac{1}{x}}$。

解：令$u=\frac{1}{x}$，因为$\lim\limits_{x\to\infty}\frac{1}{x}=0$，且，$\lim\limits_{u\to 0}2^u=1$，所以

$$\lim_{x\to\infty}2^{\frac{1}{x}}=1$$

三、无穷小的比较

定义 2.7　设α，β（其中$\alpha\neq 0$）是自变量的某一变化过程中的两个无穷小。

1. $\lim\limits_{x\to x_0}\frac{\beta}{\alpha}=0\left(或\lim\limits_{x\to\infty}\frac{\beta}{\alpha}=0\right)$，则称$\beta$是比$\alpha$高阶的无穷小，记为$\beta=o(\alpha)$。

2. $\lim\limits_{x \to x_0} \dfrac{\beta}{\alpha} = \infty$ $\left(\text{或} \lim\limits_{x \to \infty} \dfrac{\beta}{\alpha} = \infty\right)$，则称 β 是比 α 低阶的无穷小。

3. $\lim\limits_{x \to x_0} \dfrac{\beta}{\alpha} = c$（$c$ 为常数）$\left(\text{或} \lim\limits_{x \to \infty} \dfrac{\beta}{\alpha} = c\right)$，则称 β 是比 α 同阶的无穷小。当 $c = 1$ 时，称 β 是比 α 等价的无穷小，记为 $\alpha \sim \beta$。

例如当 $x \to 0$ 时，x^2 是 x 的高阶无穷小，是 x^3 的低阶无穷小，是 $3x^2$ 的同阶无穷小。

定理 2.7 （等价无穷小的替换定理）在自变量的同一变化过程中，如果 $\alpha \sim \alpha'$，$\beta \sim \beta'$，且 $\lim\limits_{x \to x_0} \dfrac{\beta'}{\alpha'}$ $\left(\text{或} \lim\limits_{x \to \infty} \dfrac{\beta'}{\alpha'}\right)$ 存在，则 $\lim\limits_{x \to x_0} \dfrac{\beta}{\alpha} = \lim\limits_{x \to x_0} \dfrac{\beta'}{\alpha'}$ $\left(\text{或} \lim\limits_{x \to \infty} \dfrac{\beta}{\alpha} = \lim\limits_{x \to \infty} \dfrac{\beta'}{\alpha'}\right)$。

例 5 求极限 $\lim\limits_{x \to 0} \dfrac{\tan 3x}{5x}$。

解：因为 $x \to 0$ 时，$\tan 3x \sim 3x$，所以

$$\lim_{x \to 0} \frac{\tan 3x}{5x} = \lim_{x \to 0} \frac{3x}{5x} = \frac{3}{5}$$

1. 求极限

(1) $\lim\limits_{x \to \infty} \dfrac{x^2 + 5x + 1}{x^2 - 3}$ (2) $\lim\limits_{x \to \infty} \dfrac{x^2 + 2x - 5}{x^3 + x + 5}$

(3) $\lim\limits_{x \to 0} \dfrac{\sin x}{x^2 + 4x}$ (4) $\lim\limits_{x \to 0} \dfrac{1 - \cos x}{\sin x}$

2. 判断下列命题是否正确

(1) 10^{-100} 是无穷小量，10^{100} 是无穷大量。

(2) 无穷小的倒数是无穷大，无穷大的倒数是无穷小。

(3) 两个无穷小的和、差、积、商（分母不为零）均为无穷小。

(4) 无穷大与无穷小的乘积必为无穷小。

PPT

第五节 函数的连续性与间断点

连续性是函数的重要性态之一，它不仅是研究函数的重要内容，也为计算极限开辟了新途径，本节将运用极限概念对它加以描述和研究，并在此基础上解决更多的极限计算问题。

一、函数的连续性

（一）函数连续的定义

定义 2.8 设函数 $y = f(x)$ 在 x_0 的一个邻域内有定义，且

$$\lim_{x \to x_0} f(x) = f(x_0)$$

则称函数 $y = f(x)$ 在 x_0 处连续，或称 x_0 为函数 $y = f(x)$ 的连续点。

记 $\Delta x = x - x_0$，且称之为自变量 x 的增量，记 $\Delta y = f(x) - f(x_0)$ 或 $\Delta y = f(x_0 + \Delta x) - f(x_0)$，且称之为 $y = f(x)$ 在 x_0 处的增量，那么函数 $y = f(x)$ 在 x_0 处的连续也可叙述为：

定义 2.9　设函数 $y = f(x)$ 在 x_0 的一个邻域内有定义，且

$$\lim_{x \to x_0}[f(x) - f(x_0)] = 0 \text{ 或} \lim_{\Delta x \to 0}[f(x_0 + \Delta x) - f(x_0)] = 0$$

即 $\lim\limits_{\Delta x \to 0}\Delta y = 0$，则称函数 $y = f(x)$ 在 x_0 处连续。

注：(1) 如果 $\lim\limits_{x \to x_0^-} f(x) = f(x_0)$，则称函数 $y = f(x)$ 在点 x_0 处左连续。

(2) 如果 $\lim\limits_{x \to x_0^+} f(x) = f(x_0)$，则称函数 $y = f(x)$ 在点 x_0 处右连续。

(3) 如果 $\lim\limits_{x \to x_0^-} f(x) = \lim\limits_{x \to x_0^+} f(x) = \lim\limits_{x \to x_0} f(x) = f(x_0)$，则称函数 $y = f(x)$ 在点 x_0 处连续。

(二) 区间上的连续函数

定理 2.8　如果函数 $y = f(x)$ 在区间 (a, b) 上各点处均连续，则称函数函数 $y = f(x)$ 在开区间 (a,b) 上连续。如果函数 $y = f(x)$ 在区间 (a,b) 上连续，且函数在左端点 a 处右连续，在右端点 b 处左连续，则称函数函数 $y = f(x)$ 在闭区间 $[a, b]$ 上连续。

例 1　试证 $f(x) = \begin{cases} x\sin\dfrac{1}{x}, & x \neq 0 \\ 0, & x = 0 \end{cases}$ 在 $x = 0$ 处是连续的。

证：因为

$$\lim_{x \to 0} f(x) = \lim_{x \to 0} x\sin\frac{1}{x} = 0 = f(0)$$

所以 $f(x)$ 在 $x = 0$ 处是连续的。

二、函数的间断点及其分类

定义 2.10　设函数 $y = f(x)$ 在 x_0 的一个邻域内有定义（在 x_0 处可以没有定义），若函数 $y = f(x)$ 在 x_0 处不连续，则称 x_0 是函数 $y = f(x)$ 的间断点，也称函数在该点间断。

由连续性的定义可知，只要满足下面三个条件之一，点 x_0 就是函数的间断点：

1. 函数 $y = f(x)$ 在 x_0 处无定义。
2. $\lim\limits_{x \to x_0} f(x)$ 不存在。
3. $\lim\limits_{x \to x_0} f(x) \neq f(x_0)$。

不难发现，函数的间断点按其单侧极限是否存在，可分为下面两类。

(一) 第一类间断点

若 x_0 是函数 $y = f(x)$ 的间断点，且 $\lim\limits_{x \to x_0^-} f(x)$ 和 $\lim\limits_{x \to x_0^+} f(x)$ 都存在，则称 x_0 为函数 $y = f(x)$ 的第一类间断点，即左右极限都存在的间断点为第一类间断点。

例 2　证明 $x = 1$ 是函数 $f(x) = \dfrac{x^2 - 1}{x - 1}$ 的第一类间断点。

证：因为函数 $f(x) = \dfrac{x^2 - 1}{x - 1}$ 在 $x = 1$ 处没定义，所以 $x = 1$ 是函数的间断点。又因为

$$\lim_{x \to 1^-} f(x) = \lim_{x \to 1^-}\frac{x^2 - 1}{x - 1} = 2$$

$$\lim_{x \to 1^+} f(x) = \lim_{x \to 1^+} \frac{x^2-1}{x-1} = 2$$

所以 $x=1$ 是函数的第一类间断点。

（二）第二类间断点

若 x_0 是函数 $y=f(x)$ 的间断点，且 $\lim\limits_{x \to x_0^-} f(x)$ 和 $\lim\limits_{x \to x_0^+} f(x)$ 至少一个不存在，则称 x_0 为函数 $y=f(x)$ 的第二类间断点。

例 3 证明 $x=0$ 是函数 $f(x)=\frac{1}{x}$ 的第二类间断点。

证：因为函数 $f(x)=\frac{1}{x}$ 在 $x=0$ 处无定义，故 $x=0$ 是函数的间断点。又因为

$$\lim_{x \to 0^-} \frac{1}{x} = -\infty$$

$$\lim_{x \to 0^+} \frac{1}{x} = +\infty$$

所以在 $x=0$ 是函数的第二类间断点。

1. 判断下列命题是否正确

（1）若函数 $f(x)$ 在 x_0 处有定义，且 $\lim\limits_{x \to x_0} f(x)$ 存在，则 $f(x)$ 在 x_0 处必连续。

（2）若函数 $f(x)$ 在 x_0 处有连续，$g(x)$ 在 x_0 处间断，则 $f(x)+g(x)$ 在 x_0 处间断。

（3）若函数 $f(x)$ 在 x_0 处有连续，$g(x)$ 在 x_0 处间断，则 $f(x)g(x)$ 在 x_0 处间断。

（4）若函数 $f(x)$ 在 $(-\infty, +\infty)$ 内连续，则 $f(x)$ 在闭区间 $[a, b]$ 上连续。

（5）分段函数必定存在间断点。

2. 求下列函数的间断点，并判断其类型

（1）$f(x)=x\sin\frac{1}{x}$　　　　（2）$f(x)=\frac{1}{(x-2)^2}$

PPT

第六节　连续函数的运算与初等函数的连续性

一、连续函数的四则运算

定理 2.9 如果函数 $f(x)$，$g(x)$ 在点 x_0 处连续，则它们的和、差、积、商（分母不为 0）在点 x_0 处也连续。

例 1 若 $f(x)=3(x-1)$，$g(x)=(x+1)$ 在 $x=2$ 处连续，求 $\lim\limits_{x \to 2} 3(x^2-1)$。

解：因为 $f(x)=3(x-1)$，$g(x)=(x+1)$ 在 $x=2$ 处连续，

所以　$\lim\limits_{x \to 2} 3(x-1)=f(2)=3$，$\lim\limits_{x \to 2}(x+1)=g(2)=3$

所以

$$\lim_{x\to 2}3(x^2-1)=\lim_{x\to 2}3(x-1)(x+1)$$

$$=\lim_{x\to 2}3(x-1)\lim_{x\to 2}(x+1)=3\times 3=9$$

二、复合函数的连续性

定理 2.10　设函数 $u=\varphi(x)$ 在点 x_0 处连续，$u_0=\varphi(x_0)$，而函数 $y=f(u)$ 在 u_0 处连续，则复合函数 $y=f[\varphi(x)]$ 在点 x_0 处也连续。

例 2　求 $\lim\limits_{x\to 0}\dfrac{\ln(1+x)}{x}$。

解：因为 $\lim\limits_{x\to 0}(1+x)^{\frac{1}{x}}=e$，且 $y=\ln u$ 在点 $u=e$ 处连续，由定理 2.10，有

$$\lim_{x\to 0}\frac{\ln(1+x)}{x}=\lim_{x\to 0}\ln(1+x)^{\frac{1}{x}}=\ln\left[\lim_{x\to 0}(1+x)^{\frac{1}{x}}\right]=\ln e=1$$

三、反函数的连续性

定理 2.11　如果函数 $y=f(x)$ 在区间 I 上单调增加（减少）且连续，则其反函数 $x=\varphi(y)$ 在相应的区间 $I=\{y\mid y=f(x),\ x\in I\}$ 上也单调增加（减少）且也连续。

例如，函数 $y=e^x$ 在其区间 R 上单调增加且连续，它的反函数 $y=\ln x$ 在其区间 $(0,+\infty)$ 上也单调增加（减少）且也连续。

四、初等函数的连续性

利用函数的连续性定义可知：

定理 2.12　基本初等函数在定义域内是连续的。

因此，由初等函数的定义，可以得出下面重要结论。

定理 2.13　一切初等函数在其定义域内都是连续的。

例 3　求极限 $\lim\limits_{x\to 1}(2-x+\sqrt{x+1})$。

解：因为 $2-x+\sqrt{x+1}$ 为初等函数，且在点 $x=1$ 处连续，所以

$$\lim_{x\to 1}(2-x+\sqrt{x+1})=2-1+\sqrt{1+1}=1+\sqrt{2}$$

例 4　求极限 $\lim\limits_{x\to 0}\dfrac{\sqrt{x+1}-1}{x}$。

解：所给函数是初等函数，但它在 $x=0$ 处无定义，故不能直接使用定理 2.13，本题是一个 $\dfrac{0}{0}$ 型的极限，应该先将函数的分子有理化，消去分子、分母的公共的“零因子”，得到一个连续的函数，再计算极限，即

$$\lim_{x\to 0}\frac{\sqrt{x+1}-1}{x}=\lim_{x\to 0}\frac{x}{x(\sqrt{x+1}+1)}$$

$$=\lim_{x\to 0}\frac{1}{\sqrt{x+1}+1}=\frac{1}{2}$$

一般地，有 $\lim\limits_{x\to 0}\dfrac{\sqrt[n]{x+1}-1}{x}=\dfrac{1}{n}$，其中 n 为正整数。

习题 2-6

1. 求极限

(1) $\lim\limits_{x\to\infty}\frac{2}{x^2+3}$　　(2) $\lim\limits_{x\to1}\sqrt{x^2+5x-4}$

(3) $\lim\limits_{x\to5}\frac{\sqrt{x-1}-2}{x-5}$　　(4) $\lim\limits_{x\to0}\frac{e^x-1}{\sin x}$

2. 求极限

(1) $\lim\limits_{x\to0}\sqrt{1-x^2}$　　(2) $\lim\limits_{x\to0}\frac{\sqrt{x+4}-2}{\sin 5x}$

PPT

第七节　闭区间上连续函数的性质

一、最大值和最小值定理

定理 2.14　闭区间上的连续函数一定存在最大值和最小值。

注：(1) 闭区间上的连续函数一定有界。

(2) 如果函数在开区间连续，或函数在闭区间有间断点，那么函数在该区间上不一定有最大值和最小值。

例如，函数 $y=\tan x$ 在 $\left(-\frac{\pi}{2}, \frac{\pi}{2}\right)$ 内连续，但在 $\left(-\frac{\pi}{2}, \frac{\pi}{2}\right)$ 内既无最大值，又没最小值。

又如 $f(x)=\begin{cases}1-x, & 0\leqslant x<1\\ 1, & x=1\\ 3-x, & 1<x\leqslant 2\end{cases}$ 在区间 $[0, 2]$ 上有间断点 $x=1$，此时 $f(x)$ 在 $[0, 2]$ 上也无最大值和最小值。

二、介值定理

定理 2.15　(介值定理) 若函数 $f(x)$ 在闭区间 $[a, b]$ 上连续，且 $f(a)\neq f(b)$，则对于介于 $f(a)$，$f(b)$ 之间的任意一个常数 c，在开区间 (a, b) 内至少有一点 ζ，使得 $f(\zeta)=c(a<\zeta<b)$。

定理 2.16　(零点定理) 若函数 $f(x)$ 在闭区间 $[a, b]$ 上连续，且 $f(a)$，$f(b)$ 异号，即 $f(a)\cdot f(b)<0$，则在开区间 (a,b) 内至少有一点 ζ，使得 $f(\zeta)=0(a<\zeta<b)$。

例　证明方程 $x^4-4x^2+1=0$ 在 $(0, 1)$ 内至少有一个实根。

证：设 $f(x)=x^4-4x^2+1$，由于它在 $[0, 1]$ 内连续且 $f(0)=1>0$，$f(1)=-2<0$，因此由定理 2.16 可知，至少存在一点 $\zeta\in(0, 1)$，使得 $f(\zeta)=0$。这表明所给方程在 $(0, 1)$ 内至少有一个实根。

习题 2-7

1. 证明方程 $x^3+2x-6=0$ 至少有一个根介于 1 和 3 之间。

2. 证明方程 $8x^3-12x^2+6x+1=0$ 至少有一个根介于 -1 和 0 之间。

知识链接

我国古代数学家刘徽（公元3世纪）用增加圆的内接正多边形的边数来逼近圆的方法——“割圆术”，就是用极限思想来研究几何问题。刘徽说：“割之弥细，所失弥少，割之又割，以至于不可割，则与圆周合体而无所矣”。他的这段话是对极限思想的生动描述。

阿基米德确定了抛物线弓形的面积及椭球体的表面积和体积的计算方法。在推演这些公式的过程中，他创立了“穷竭法”，即我们今天所说的逐步近似求极限的方法，因而被公认为微积分计算的鼻祖。

从刘徽的“割圆术”到阿基米德的“穷竭法”，无不蕴含了丰富的极限思想。

本章小结

1. 数列极限

$\lim\limits_{n\to\infty}a_n=A$ 或 $a_n\to A(n\to\infty)$。

2. 函数极限

（1）函数 $f(x)$ 当 $x\to\infty$ 时的极限：$\lim\limits_{x\to\infty}f(x)=A$ 或 $f(x)\to A(x\to\infty)$。

（2）函数 $f(x)$ 当 $x\to x_0$ 时的极限：$\lim\limits_{x\to x_0}f(x)=A$ 或 $f(x)\to A(x\to x_0)$。

（3）极限存在的充要条件：$\lim\limits_{x\to x_0}f(x)=A$ 当且仅当 $\lim\limits_{x\to x_0^-}f(x)=\lim\limits_{x\to x_0^+}f(x)=A$。

3. 极限的四则运算法则：若 $\lim\limits_{x\to x_0}f(x)=A$，$\lim\limits_{x\to x_0}g(x)=B$，（$A$，$B$ 为常数）则

（1）$\lim\limits_{x\to x_0}[f(x)\pm g(x)]=\lim\limits_{x\to x_0}f(x)\pm\lim\limits_{x\to x_0}g(x)=A\pm B$。

（2）$\lim\limits_{x\to x_0}[f(x)\cdot g(x)]=\lim\limits_{x\to x_0}f(x)\cdot\lim\limits_{x\to x_0}g(x)=AB$。

（3）$\lim\limits_{x\to x_0}\dfrac{f(x)}{g(x)}=\dfrac{\lim\limits_{x\to x_0}f(x)}{\lim\limits_{x\to x_0}g(x)}=\dfrac{A}{B}(B\neq0)$。

4. 两个重要极限：$\lim\limits_{x\to0}\dfrac{\sin x}{x}=1$ 和 $\lim\limits_{x\to\infty}\left(1+\dfrac{1}{x}\right)^x=e$。

5. 无穷小和无穷大

（1）同一变化过程中，有限个无穷小的和、差、积仍然是无穷小；有界函数与无穷小之积仍为无穷小；常数与无穷小之积仍为无穷小。

（2）在同一变化过程中，无穷大的倒数是无穷小，非零无穷小的倒数是无穷大。

（3）无穷小的比较：高阶、低阶、等价无穷小。

6. 函数的连续性与间断点

（1）连续性的定义：$\lim\limits_{x\to x_0}f(x)=f(x_0)\Leftrightarrow\lim\limits_{\Delta x\to0}\Delta y=0$。

（2）第一类间断点和第二类间断点。

（3）初等函数的连续性：一切初等函数在其定义域内都是连续的。

7. 闭区间上的连续函数的性质：最值定理、介值定理、零点定理。

题库

综合测试一

一、选择题

1. 若$\lim\limits_{x\to x_0}f(x)=A$（A 为常数），则$f(x)$在点$x_0$处（　　）

A. 有定义，且$f(x_0)=A$　　B. 不能有定义

C. 有定义，且$f(x_0)$可为任意值　　D. 可以有定义，也可以没定义

2. 当$x\to$（　　）时，$y=\dfrac{x^2-1}{x(x-1)}$为无穷大量

A. 1　　B. 0　　C. $-\infty$　　D. $+\infty$

3. 当$x\to 0$时，（　　）与x不是等价无穷小

A. $\ln|\sin x|$　　B. $\sqrt{1+x}-\sqrt{1-x}$

C. $\tan x$　　D. $\sin x$

4. 已知函数$f(x)=\begin{cases}a+x, & x\leqslant 0\\ \cos x, & x>0\end{cases}$，在$x=0$处连续，则$a$的值为（　　）

A. 0　　B. 1　　C. 2　　D. 4

5. 下列极限不为 0 的是（　　）

A. $\lim\limits_{x\to\infty}\dfrac{\cos x}{x}$　　B. $\lim\limits_{x\to\infty}x\sin\dfrac{1}{x}$

C. $\lim\limits_{x\to\pi}\dfrac{\sin x}{x}$　　D. $\lim\limits_{x\to 0}x\cos\dfrac{1}{x}$

6. $\lim\limits_{x\to+\infty}\dfrac{2\sin x^2}{\sqrt{x}}=$（　　）

A. 0　　B. 1　　C. 2　　D. ∞

7. 如果$f(x_0)=2$，但$\lim\limits_{x\to x_0^-}f(x)=\lim\limits_{x\to x_0^+}f(x)=3$，则$\lim\limits_{x\to x_0}f(x)=$（　　）

A. 2　　B. 3　　C. 0　　D. ∞

8. $\lim\limits_{x\to+\infty}\dfrac{1+2+3+\cdots+n}{n^2}=$（　　）

A. 0　　B. $\dfrac{1}{3}$　　C. $\dfrac{1}{2}$　　D. 不存在

9. 从$\lim\limits_{x\to x_0}f(x)=1$不能推出（　　）

A. $\lim\limits_{x\to x_0^+}f(x)=1$　　B. $\lim\limits_{x\to x_0^-}f(x)=1$

C. $f(x_0)=1$　　D. $\lim\limits_{x\to x_0}(f(x)-1)=0$

10. $\lim\limits_{x\to x_0}f(x)=f(x_0)$是$f(x)$在$x\to x_0$处连续的（　　）条件

A. 必要非充分　　B. 充分非必要　　C. 充分必要　　D. 无关

二、填空题

1. $\lim\limits_{x\to 0}\dfrac{\sin 2x}{3x}=$______。

2. $\lim\limits_{x\to\infty}\left(1+\frac{1}{2x}\right)^{x}=$________。

3. 若$\lim\limits_{x\to0}f(x)=4$，则$\lim\limits_{x\to0^-}f(x)=$________。

4. 函数$y=\sqrt{9-x^2}+\frac{1}{\sqrt{x^2-4}}$的连续区间是________。

5. 已知函数$f(x)$在$x=2$处连续，且$f(2)=4$，则$\lim\limits_{x\to2}f(x)=$________。

三、计算题

1. 求极限

(1) $\lim\limits_{x\to0}\frac{\sin2x}{\tan x}$　　(2) $\lim\limits_{x\to3}(x^2-3x+6)$

(3) $\lim\limits_{x\to\infty}\frac{5x^2+x+1}{2x^2-3x+6}$　　(4) $\lim\limits_{x\to2}\left(\frac{1}{x-2}-\frac{4}{x^2-4}\right)$

(5) $\lim\limits_{x\to0}\frac{1-\cos x}{2x^2}$　　(6) $\lim\limits_{x\to\infty}\left(1+\frac{1}{x}\right)^{2-x}$

2. 设$f(x)=\begin{cases}(x-2)^2, & x>1\\ x, & -1\leqslant x\leqslant1\\ x+1, & x<-1\end{cases}$，讨论其连续性，并写出连续区间。

3. 证明方程$x^3-3x=1$在（1，2）内至少有一个实根。

第三章　导数与微分

学习目标

知识目标

1. 掌握导数的基本公式、四则运算法则、复合函数的求导方法、隐函数的求导法、对数求导法，以及由参数方程所确定的函数的求导方法；掌握微分公式及微分运算法则。

2. 熟悉导数的概念及函数的微分概念。

3. 了解可导性与连续性、可微与可导的关系、相关变化率及微分的近似计算。

技能目标

1. 能求出函数在一点处的导数并运用导数的几何意义求曲线上一点处的切线方程。

2. 能运用求导法则求初等函数的导函数；能运用高阶导数的概念求简单函数的 n 阶导数；能运用微分公式及运算法则求初等函数的一阶微分并学会近似计算。

3. 能学会对隐函数、参数方程确定的函数进行求导。

第一节　导数的概念

PPT

一、导数概念的引例

（一）变速直线运动的瞬时速度

设有一做直线运动的物体，其运动路程 s 与运动时间 t 的函数关系为 $s=s(t)$，求 $t=t_0$ 时，物体运动的瞬时速度。

当时间从 t_0 变化到 $t_0+\Delta t(\Delta t>0)$ 时，物体从 P_0 行驶到 P，行驶的路程（图 3－1）为

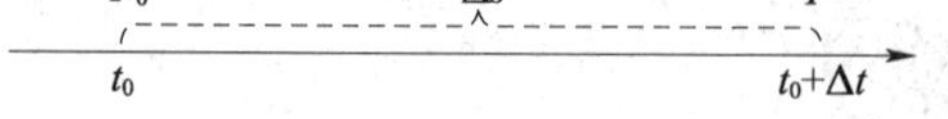

P_0　Δs　P
t_0　$t_0+\Delta t$

图 3－1

$$\Delta s=s(t_0+\Delta t)-s(t_0)$$

用 $\bar{v}$ 表示从 t_0 到 $t_0+\Delta t$ 这段时间内的平均速度，即

$$\bar{v}=\frac{\Delta s}{\Delta t}=\frac{s(t_0+\Delta t)-s(t_0)}{\Delta t}$$

上式反映的是运动路程对运动时间的平均变化快慢。

设此物体的运动速度连续变化，当运动时间 Δt 很小时，速度变化也很小，那么，在时间段 Δt 内，可看做物体做近似匀速运动，即物体在 t_0 时刻的瞬时速度 $v(t_0)\approx\bar{v}$。

并且，当 Δt 无限趋向于0时，P 点无限接近于 P_0 点，$\bar{v}$ 就无限接近于 $v(t_0)$，如果极限 $\lim\limits_{\Delta t\to 0}\dfrac{\Delta s}{\Delta t}$ 存在，就称此极限为物体在 t_0 时刻的瞬时速度，即

$$v(t_0)=\lim_{P\to P_0}\bar{v}=\lim_{\Delta t\to 0}\frac{\Delta s}{\Delta t}=\lim_{\Delta t\to 0}\frac{s(t_0+\Delta t)-s(t_0)}{\Delta t}$$

（二）平面曲线的切线斜率

设点 $P_0(x_0, y_0)$ 是平面曲线 $y=f(x)$ 上的一个定点，任取 $\Delta x>0$，点 $P(x_0+\Delta x, y_0+\Delta y)$ 因 Δx 的变化成为曲线上的动点 P_0、连接点 P，形成的割线 P_0P 的斜率为

$$k_{割}=\frac{\Delta y}{\Delta x}$$

当 Δx 减小时，动点 P 沿曲线 $y=f(x)$ 趋近于点 P_0，如果割线 P_0P 的极限位置 P_0T 存在且唯一，则称直线 P_0T 为曲线 $y=f(x)$ 在点 P_0 处的切线，如图 3－2 所示。

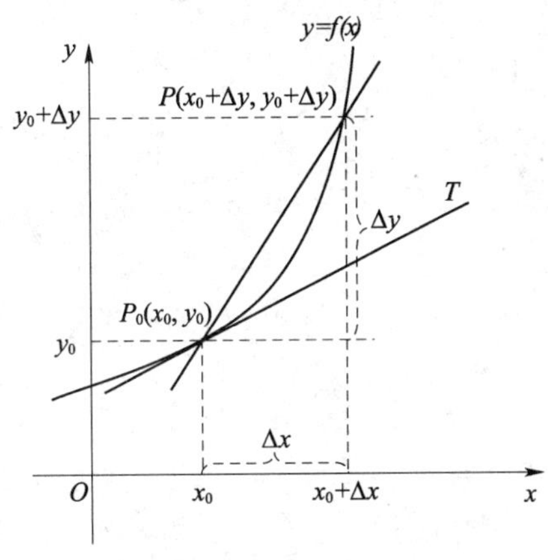

图 3－2

当 Δx 无限趋向于0时，P 点无限接近于 P_0 点，割线的斜率与切线的斜率就越接近。如果极限 $\lim\limits_{\Delta x\to 0}\dfrac{\Delta y}{\Delta x}$ 存在，那么这一极限为 $y=f(x)$ 在 P_0 点切线的斜率，即

$$k_{切}=\lim_{P\to P_0}k_{割}=\lim_{\Delta x\to 0}\frac{\Delta y}{\Delta x}=\lim_{\Delta x\to 0}\frac{f(x_0+\Delta x)-f(x_0)}{\Delta x}$$

非匀速直线问题和曲线的切线的斜率都归结为如下的极限：$\lim\limits_{\Delta x\to 0}\dfrac{f(x_0+\Delta x)-f(x_0)}{\Delta x}$。这里 Δx 与 $f(x_0+\Delta x)-f(x_0)$ 分别是函数 $y=f(x)$ 的自变量的增量和函数的增量设为 Δy。

二、导数的定义与几何意义

（一）导数的定义

1. 函数在一点处可导的定义　设函数 $y=f(x)$ 在 x_0 的某个邻域内有定义，当自变量 x 在 x_0 处有增量 Δx 时，相应的函数增量 $\Delta y=f(x_0+\Delta x)-f(x_0)$。如果极限 $\lim\limits_{\Delta x\to 0}\dfrac{\Delta y}{\Delta x}$ 存在，则称函数 $y=f(x)$ 在 x_0 处可导，并将这个极限值叫做函数 $y=f(x)$ 在 x_0 处的导数，记为 $f'(x_0)$ 或 $y'\big|_{x=x_0}$，$\dfrac{\mathrm{d}y}{\mathrm{d}x}\Big|_{x=x_0}$，$\dfrac{\mathrm{d}f(x)}{\mathrm{d}x}\Big|_{x=x_0}$，即

$$f'(x_0)=\lim_{\Delta x\to 0}\frac{\Delta y}{\Delta x}=\lim_{\Delta x\to 0}\frac{f(x_0+\Delta x)-f(x_0)}{\Delta x}$$

如果该极限不存在，则称函数在 x_0 处不可导。

当自变量在 x_0 的邻域中变化时，$\Delta x=x-x_0$，$\Delta y=f(x)-f(x_0)$，因此 $f'(x_0)$ 也可以用下面的公式来计算

$$f'(x_0)=\lim_{x\to x_0}\frac{f(x)-f(x_0)}{x-x_0}$$

根据导数的定义式，我们可以推导出以下变式

$$\lim_{\Delta x\to 0}\frac{f(x_0+n\Delta x)-f(x_0-m\Delta x)}{\Delta x}=(m+n)\ f'(x_0)$$

例 1 根据定义求函数 $y=x^2(x\in R)$ 在 $x_0=2$ 处的导数。

解：

方法 1：$\Delta y=f(2+\Delta x)-f(2)=(2+\Delta x)^2-2^2=4\Delta x+(\Delta x)^2$

$$\frac{\Delta y}{\Delta x}=\frac{4\Delta x+(\Delta x)^2}{\Delta x}=4+\Delta x$$

$$\lim_{\Delta x\to 0}\frac{\Delta y}{\Delta x}=\lim_{\Delta x\to 0}(4+\Delta x)=4=f'(2)$$

方法 2：
$$\begin{aligned}f'(2)&=\lim_{x\to 2}\frac{f(x)-f(2)}{x-2}\\&=\lim_{x\to 2}\frac{x^2-2^2}{x-2}\\&=\lim_{x\to 2}\frac{(x-2)(x+2)}{x-2}\\&=\lim_{x\to 2}(x+2)\\&=4\end{aligned}$$

2. 函数在一点处的左右导数

把 $f'_-(x_0)=\lim\limits_{\Delta x\to 0^-}\frac{\Delta y}{\Delta x}=\lim\limits_{\Delta x\to 0^-}\frac{f(x_0+\Delta x)-f(x_0)}{\Delta x}$ 称为 $f(x)$ 在 x_0 处的左导数；

把 $f'_+(x_0)=\lim\limits_{\Delta x\to 0^+}\frac{\Delta y}{\Delta x}=\lim\limits_{\Delta x\to 0^+}\frac{f(x_0+\Delta x)-f(x_0)}{\Delta x}$ 称为 $f(x)$ 在 x_0 处的右导数。

定理 3.1 函数 $f(x)$ 在一点 x_0 处可导的充分必要条件是它在这一点的左、右导数存在且相等，简记为：$f'(x_0)=a\Leftrightarrow f'_+(x_0)=f'_-(x_0)=a$。

例 2 若 $f(x)=\begin{cases}e^{ax}, & x<0\\ b+\sin 2x, & x\geqslant 0\end{cases}$ 在 $x=0$ 处可导，求 a，b 的值。

解：
$$\begin{aligned}f'_+(0)&=\lim_{\Delta x\to 0^+}\frac{\Delta y}{\Delta x}\\&=\lim_{\Delta x\to 0^+}\frac{f(0+\Delta x)-f(0)}{\Delta x}\\&=\lim_{\Delta x\to 0^+}\frac{b+\sin 2\Delta x-b}{\Delta x}\\&=\lim_{\Delta x\to 0^+}\frac{\sin 2\Delta x}{2\Delta x}\cdot 2\\&=2\end{aligned}$$

$$f'_-(0)=\lim_{\Delta x\to 0^-}\frac{\Delta y}{\Delta x}$$

$$=\lim_{\Delta x\to 0^-}\frac{f(0+\Delta x)-f(0)}{\Delta x}$$

$$=\lim_{\Delta x\to 0^-}\frac{e^{a\cdot\Delta x}-b}{\Delta x}$$

因为$f(x)=\begin{cases}e^{ax}, & x<0\\ b+\sin 2x, & x\geqslant 0\end{cases}$在$x=0$处可导，所以，

$$f'_-(0)=\lim_{\Delta x\to 0^-}\frac{e^{a\cdot\Delta x}-b}{\Delta x}=2=f'_+(0)$$

由于$x\to 0$时，$e^{ax}-1\sim ax$，可得$a=2$，$b=1$。

3. 函数的导函数　如果函数$y=f(x)$在开区间(a,b)内每一点都可导，则称$f(x)$在(a,b)内可导，这时，对于(a,b)内有每一点，都有$f(x)$在该点的导数值与之对应，这样的对应关系称为$f(x)$在(a,b)内的导函数，记为$f'(x)$或y'，$\frac{\mathrm{d}y}{\mathrm{d}x}$，$\frac{\mathrm{d}f(x)}{\mathrm{d}x}$，即

$$f'(x)=\lim_{\Delta x\to 0}\frac{\Delta y}{\Delta x}=\lim_{\Delta x\to 0}\frac{f(x+\Delta x)-f(x)}{\Delta x}$$

例3　求$y=C$，$x\in R$（C为常数）的导数。

解：当x在实数集R内变化时，$y\equiv C$，所以$\Delta y=0$，从而

$$y'=\lim_{\Delta x\to 0}\frac{\Delta y}{\Delta x}=\lim_{\Delta x\to 0}0=0$$

即

$$(C)'=0$$

例4　求指数函数$y=a^x$（$a\neq 0$，$a>1$）的导数。

解：因为

$$\lim_{x\to 0}\ln(1+x)^{\frac{1}{x}}=\ln\lim_{x\to 0}(1+x)^{\frac{1}{x}}=\ln e=1$$

所以，当$x\to 0$时，$\ln(1+x)^{\frac{1}{x}}\sim 1$，

即　当$x\to 0$时，

$$\ln(1+x)\sim x$$

$$\Delta y=a^{x+\Delta x}-a^x=a^x\cdot(a^{\Delta x}-1)$$

$$\frac{\Delta y}{\Delta x}=a^x\cdot\frac{a^{\Delta x}-1}{\Delta x}$$

$$y'=\lim_{\Delta x\to 0}\frac{\Delta y}{\Delta x}=\lim_{\Delta x\to 0}a^x\cdot\frac{a^{\Delta x}-1}{\Delta x}$$

因为，当$\Delta x\to 0$时，$a^{\Delta x}-1\to 0$，所以，$\ln(1+a^{\Delta x}-1)\sim a^{\Delta x}-1$

因此，$y'=\lim_{\Delta x\to 0}\frac{\Delta y}{\Delta x}=\lim_{\Delta x\to 0}a^x\cdot\frac{a^{\Delta x}-1}{\Delta x}$

$$=a^x\cdot\lim_{\Delta x\to 0}\frac{\ln(1+a^{\Delta x}-1)}{\Delta x}$$

$$=a^x\cdot\lim_{\Delta x\to 0}\frac{\ln a^{\Delta x}}{\Delta x}$$

$$= a^x \cdot \lim_{\Delta x \to 0} \frac{\Delta x \cdot \ln a}{\Delta x}$$

$$= \ln a \cdot a^x$$

即

$$(a^x)' = a^x \ln a$$

如有 $(4^x)' = 4^x \ln 4$

特别的

$$(e^x)' = e^x$$

例 5 求对数函数$\log_a x(a>0, a\neq 1, x>0)$的导数。

解：$\Delta y = \log_a(x+\Delta x) - \log_a x = \dfrac{\ln\left(\dfrac{x+\Delta x}{x}\right)}{\ln a} = \dfrac{\ln\left(1+\dfrac{\Delta x}{x}\right)}{\ln a}$

$$\frac{\Delta y}{\Delta x} = \frac{1}{\ln a} \frac{\ln\left(1+\dfrac{\Delta x}{x}\right)}{\Delta x}$$

$$y' = \lim_{\Delta x \to 0} \frac{\Delta y}{\Delta x} = \frac{1}{\ln a} \lim_{\Delta x \to 0} \frac{\ln\left(1+\dfrac{\Delta x}{x}\right)}{\Delta x} = \frac{1}{\ln a} \frac{1}{x} \lim_{\Delta x \to 0} \frac{\ln\left(1+\dfrac{\Delta x}{x}\right)}{\dfrac{\Delta x}{x}} = \frac{1}{x \ln a}$$

即

$$(\log_a x)' = \frac{1}{x \ln a}$$

如有 $(\log_5 x)' = \dfrac{1}{x \ln 5}$

特别的

$$(\ln x)' = \frac{1}{x}$$

例 6 求 $y = x^n$（n 为正整数）的导数。

解：因为

$$\Delta y = (x+\Delta x)^n - (x)^n = \Delta x \cdot \left[(x+\Delta x)^{n-1} + (x+\Delta x)^{n-2} \cdot x^1 + (x+\Delta x)^{n-3} \cdot x^2 + \cdots + (x)^{n-1}\right]$$

$$\frac{\Delta y}{\Delta x} = \left[(x+\Delta x)^{n-1} + (x+\Delta x)^{n-2} \cdot x^1 + (x+\Delta x)^{n-3} \cdot x^2 + \cdots + (x)^{n-1}\right]$$

所以

$$y' = \lim_{\Delta x \to 0} \frac{\Delta y}{\Delta x} = \lim_{\Delta x \to 0} \left[(x+\Delta x)^{n-1} + (x+\Delta x)^{n-2} \cdot x^1 + (x+\Delta x)^{n-3} \cdot x^2 + \cdots + (x)^{n-1}\right] = nx^{n-1}$$

即

$$(x^n)' = nx^{n-1}$$

一般地，对于幂函数有

$$(x^\mu)' = \mu x^{\mu-1}$$

如有(1) $(x^3)' = 3x^2$

(2) $(\sqrt{x})' = (x^{\frac{1}{2}})' = \dfrac{1}{2} x^{\frac{1}{2}-1} = \dfrac{1}{2} x^{-\frac{1}{2}} = \dfrac{1}{2\sqrt{x}}$

（3）$\left(\frac{1}{x}\right)'=(x^{-1})'=(-1)\cdot x^{-1-1}=-x^{-2}=-\frac{1}{x^2}$

（4）$(x)'=1\cdot x^{1-1}=x^0=1$（自变量对其本身的导数为1）

例7　求三角函数 $y=\sin x$ 的导数。

解：因为

$$\Delta y=\sin(x+\Delta x)-\sin x=2\sin\frac{\Delta x}{2}\cos\left(x+\frac{\Delta x}{2}\right)$$

$$\frac{\Delta y}{\Delta x}=\cos\left(x+\frac{\Delta x}{2}\right)\frac{\sin\frac{\Delta x}{2}}{\frac{\Delta x}{2}}$$

所以

$$y'=\lim_{\Delta x\to 0}\frac{\Delta y}{\Delta x}=\lim_{\Delta x\to 0}\cos\left(x+\frac{\Delta x}{2}\right)\cdot\lim_{\frac{\Delta x}{2}\to 0}\frac{\sin\frac{\Delta x}{2}}{\frac{\Delta x}{2}}=\cos x$$

即

$$(\sin x)'=\cos x$$

同理

$$(\cos x)'=-\sin x$$

显然，对比函数的导函数定义式与函数在一点处可导的定义式，可知：导数 $f'(x_0)$ 是导函数 $f'(x)$ 在 $x=x_0$ 处的函数值，即 $f'(x_0)=f'(x)|_{x=x_0}$。如函数 $y=x^2$，$x\in R$ 在 $x=2$ 处的导数为 $f'(2)=(x^2)'|_{x=2}=2x|_{x=2}=4$。

（二）导数的几何意义

函数 $f(x)$ 在 x_0 的导数 $f'(x_0)$ 表示它在 P_0 $[x_0, f(x_0)]$ 处的切线斜率，即

$$k_{切}=f'(x_0)$$

利用这一导数的几何意义，很容易求出曲线 $y=f(x)$ 在一点（x_0，$f(x_0)$）的切线方程。

例8　求曲线 $y=x^2$ 上任意一点处切线的斜率，并求在点（1，1）处的切线方程。

解：设 x_0 为 $y=x^2$ 定义域内任意一点，由于 $(x^2)'=2x$，从而曲线 $y=x^2$ 上任意一点 x_0 处切线的斜率 $k_{切}=f'(x_0)=2x_0$。

当 $x_0=1$，$k_{切}=2$，因此，$y=x^2$ 在点(1，1)处的切线方程为

$$y-1=2(x-1)$$

即

$$y=2x-1$$

三、函数的可导性与连续性的关系

定理3.2　$f(x)$ 在点 x_0 可导的必要条件是它在点 x_0 连续。

证明：设函数 $y=f(x)$ 在 x_0 处导数为 A，即

$$\lim_{\Delta x\to 0}\frac{\Delta y}{\Delta x}=A$$

微课

而$\lim\limits_{\Delta x\to 0}\Delta y=\lim\limits_{\Delta x\to 0}\frac{\Delta y}{\Delta x}\cdot\Delta x=\lim\limits_{\Delta x\to 0}\frac{\Delta y}{\Delta x}\cdot\lim\limits_{\Delta x\to 0}\Delta x=A\cdot 0=0$，故由连续性的定义可知 $y=f(x)$ 在 x_0 处连续。所以，可导一定连续，但连续不一定可导，见下例。

例 9　$y=|x|$在点 $x=0$ 连续，但不可导。

解：因为 $y=f(x)=|x|=\begin{cases}-x, & x<0\\ x, & x\geqslant 0\end{cases}$

有 $\lim\limits_{x\to 0^-}f(x)=\lim\limits_{x\to 0^-}(-x)=0$，$\lim\limits_{x\to 0^+}f(x)=\lim\limits_{x\to 0^+}x=0$，

且 $\lim\limits_{x\to 0^-}f(x)=\lim\limits_{x\to 0^+}f(x)=0=f(0)$，

所以，根据函数在一点处连续的定义，$y=|x|$在点 $x=0$ 连续。

由于 $\Delta y=f(0+\Delta x)-f(0)=|\Delta x|=\begin{cases}-\Delta x, & \Delta x<0\\ \Delta x, & \Delta x\geqslant 0\end{cases}$，因而

$$\frac{\Delta y}{\Delta x}=\begin{cases}-1, & \Delta x<0\\ 1, & \Delta x>0\end{cases}$$

又因为 $\lim\limits_{\Delta x\to 0^-}\frac{\Delta y}{\Delta x}=-1$，$\lim\limits_{\Delta x\to 0^+}\frac{\Delta y}{\Delta x}=1$，且 $\lim\limits_{\Delta x\to 0^-}\frac{\Delta y}{\Delta x}\neq\lim\limits_{\Delta x\to 0^+}\frac{\Delta y}{\Delta x}$，从而$\lim\limits_{\Delta x\to 0}\frac{\Delta y}{\Delta x}$不存在，所以 $y=|x|$在点 $x=0$ 不可导。

例 10　讨论 $y=\begin{cases}x^n\sin\frac{1}{x}, & x\neq 0\\ 0, & x=0\end{cases}$ $(n\in N)$ 在点 $x=0$ 连续性和可导性。

解：因为$\lim\limits_{x\to 0}x^n=0$，所以 x^n 是 $x\to 0$ 时的无穷小，又因为$\left|\sin\frac{1}{x}\right|\leqslant 1$，即 $\sin\frac{1}{x}$是有界函数，所以 $x^n\sin\frac{1}{x}$是当 $x\to 0$ 时的无穷小，即

$$\lim_{x\to 0}x^n\sin\frac{1}{x}=0$$

所以，根据函数在一点处连续的定义，$y=\begin{cases}x^n\sin\frac{1}{x}, & x\neq 0\\ 0, & x=0\end{cases}$ $(n\in N)$在点 $x=0$ 连续。

由于 $\Delta y=f(0+\Delta x)-f(0)=\begin{cases}\Delta x^n\sin\frac{1}{\Delta x}, & \Delta x\neq 0\\ 0, & \Delta x=0\end{cases}$，因而，当 $\Delta x\neq 0$ 时，

$$\frac{\Delta y}{\Delta x}=\Delta x^{n-1}\sin\frac{1}{\Delta x}$$

当 $n=0$ 时，$\lim\limits_{\Delta x\to 0}\frac{\Delta y}{\Delta x}=\lim\limits_{\Delta x\to 0}\frac{1}{\Delta x}\sin\frac{1}{\Delta x}$不存在；

当 $n=1$ 时，$\lim\limits_{\Delta x\to 0}\frac{\Delta y}{\Delta x}=\lim\limits_{\Delta x\to 0}\sin\frac{1}{\Delta x}$不存在；

当 $n\geqslant 2$ 时，$\lim\limits_{\Delta x\to 0}\Delta x^{n-1}=0$，所以 Δx^{n-1}是 $\Delta x\to 0$ 时的无穷小，又因为$\left|\sin\frac{1}{\Delta x}\right|\leqslant 1$，即 $\sin\frac{1}{\Delta x}$是有界函数，所以 $\Delta x^{n-1}\sin\frac{1}{\Delta x}$是当 $\Delta x\to 0$ 时的无穷小，即

$$\lim_{\Delta x\to 0}\frac{\Delta y}{\Delta x}=0$$

当 $n\leqslant -1$ 时，$\lim\limits_{\Delta x\to 0}\dfrac{\Delta y}{\Delta x}=\lim\limits_{\Delta x\to 0}\left(\dfrac{1}{\Delta x}\right)^{1-n}\sin\dfrac{1}{\Delta x}$不存在。

综上，根据函数在一点处可导的定义，当 $n\geqslant 2$ 时，$y=\begin{cases}x^n\sin\dfrac{1}{x}, & x\neq 0\\ 0, & x=0\end{cases}$ $(n\in N)$ 在点 $x=0$ 可导。

习题 3-1

一、选择题

1. 设函数 $y=f(x)$，当自变量 x 由 x_0 改变到 $x_0+\Delta x$ 时，相应函数的改变量 $\Delta y=$（　　）

A. $f(x_0+\Delta x)$　　B. $f(x_0)+\Delta x$

C. $f(x_0+\Delta x)-f(x_0)$　　D. $f(x_0)\ \Delta x$

2. 设 $f(x)$ 在 x_0 处可导，则 $\lim\limits_{\Delta x\to 0}\dfrac{f(x_0-\Delta x)-f(x_0)}{\Delta x}=$（　　）

A. $-f'(x_0)$　　B. $f'(-x_0)$

C. $f'(x_0)$　　D. $2f'(x_0)$

3. 函数 $f(x)$ 在点 x_0 连续，是 $f(x)$ 在点 x_0 可导的（　　）

A. 必要不充分条件　　B. 充分不必要条件

C. 充分必要条件　　D. 既不充分也不必要条件

4. $f(x)=|x-2|$ 在点 $x=2$ 处的导数是（　　）

A. 1　　B. 0　　C. -1　　D. 不存在

5. 设 $f(x)$ 在 $(a,\ b)$ 内连续，且 $x_0\in(a,\ b)$，则在点 x_0 处（　　）

A. $f(x)$ 的极限存在，且可导

B. $f(x)$ 的极限存在，但不一定可导

C. $f(x)$ 的极限不存在

D. $f(x)$ 的极限不一定存在

6. 若函数 $f(x)$ 在点 a 可导，则 $\lim\limits_{h\to 0}\dfrac{f(a)-f(a+2h)}{3h}=$（　　）

A. $-\dfrac{2}{3}f'(a)$　　B. $-\dfrac{3}{2}f'(a)$　　C. $\dfrac{2}{3}f'(a)$　　D. $\dfrac{3}{2}f'(a)$

7. 设 $f(x)$ 在 $x=0$ 的某领域内有定义，$f(0)=0$，且当 $x\to 0$ 时，$f(x)$ 与 x 为等价无穷小量，则（　　）

A. $f'(0)=0$　　B. $f'(0)=1$

C. $f'(0)$ 不存在　　D. 不能断定 $f'(0)$ 的存在性

二、填空题

1. 设 $f(x)$ 在点 $x=a$ 处可导，则 $\lim\limits_{n\to 0}\dfrac{f(a)-f(a-h)}{h}=$____________。

2. 若 $f(x)$ 在 $x=a$ 处可导，则 $\lim\limits_{h\to 0}\dfrac{f(a+nh)-f(a-mh)}{h}=$____________。

3. 函数 $y=|x+1|$ 导数不存在的点____________。

三、计算题

1. 一物体的运动方程为 $s=t^3+10$，求该物体在 $t=3$ 时的瞬时速度。
2. 用导数的定义求函数 $y=1-2x^2$ 在点 $x=1$ 处的导数。
3. 利用导数的定义求下列函数的导数。

（1）$y=\dfrac{1}{x^2}$　　（2）$y=\sqrt[3]{x^2}$

4. 给定函数 $f(x)=ax^2+bx+c$，其中 a，b，c 为常数，求 $f'(x)$，$f'(0)$，$f'\left(\dfrac{1}{2}\right)$，$f'\left(-\dfrac{b}{2a}\right)$。
5. 讨论下列函数在点 $x=0$ 处的连续性与可导性。

（1）$y=|\sin x|$　　（2）$y=\begin{cases} x\sin\dfrac{1}{x}, & x\neq 0 \\ 0, & x=0 \end{cases}$

第二节　函数的和、差、积、商的求导法则

PPT

一、函数和、差的求导法则

设函数 $u=u(x)$ 和 $v=v(x)$ 在点 x 处可导，则他们的和、差在点 x 也可导，即

$$(u(x)\pm v(x))'=u'(x)\pm v'(x)$$

推广到有限个函数时有

$$\left(\sum_{i=1}^{n}u_i(x)\right)'=\sum_{i=1}^{n}u'_i(x) \text{或} \frac{\mathrm{d}}{\mathrm{d}x}\sum_{i=1}^{n}u_i(x)=\sum_{i=1}^{n}\frac{\mathrm{d}u_i(x)}{\mathrm{d}x}$$

例 1　$y=x^2+\sin x-\cos x+1$，求 y'。

解：$y'=(x^2)'+(\sin x)'-(\cos x)'+1'=2x+\cos x-(-\sin x)=2x+\cos x+\sin x$

二、函数积的求导法则

设函数 $u=u(x)$ 和 $v=v(x)$ 在点 x 处可导，则他们的积在点 x 处也可导，即

$$(u(x)v(x))'=u'(x)v(x)+u(x)v'(x)$$

推广到有限个函数时有

$$\left(\prod_{i=1}^{n}u_i(x)\right)'=\sum_{i=1}^{n}u_1(x)u_2(x)\cdots u'_i(x)\cdots u_n(x)$$

$$\text{或} \frac{d}{dx}\prod_{i=1}^{n}u_i(x)=\sum_{i=1}^{n}u_1(x)u_2(x)\cdots\frac{du_i(x)}{dx}\cdots u_n(x)$$

例 2　设 $u=C$（C 为常数），$v=v(x)$ 可导，则

$$(Cv(x))'=(C)'v(x)+C(v(x))'=C(v(x))'$$

通常，常数因子可以提到导数符号外面。

例 3　设 $y=a_0x^n+a_1x^{n-1}+\cdots+a_{n-1}x+a_n$，求 y'。

解：$y'=(a_0x^n)'+(a_1x^{n-1})'+\cdots+(a_{n-1}x)'+(a_n)'$

$=a_0(x^n)'+a_1(x^{n-1})'+\cdots+a_{n-1}(x)'+(a_n)'$

$=a_0nx^{n-1}+a_1(n-1)\ x^{n-2}+\cdots+a_{n-1}$

通常，多项式的导数仍是多项式，其次数降低一次，系数相应改变。

例 4　设 $y=ax+b$，则 $y'=(ax+b)'=(ax)'+(b)'=a\ (x)'=a$

即线性函数的导数为一个常数，直线的切线就是它本身。

例 5　设 $y=3x\cos x+2\ln x-1$，求 y'。

解：$y'=3(x\cos x)'+2(\ln x)'+(-1)'$

$$=3[x'\cdot\cos x+x\cdot(\cos x)']+2\cdot\frac{1}{x}+0$$

$$=3(\cos x-x\cdot\sin x)+\frac{2}{x}$$

例 6　已知 $y=(x-1)(x-2)(x-3)$，求 $y'|_{x=3}$。

解：

方法 1：$y'=[(x-1)(x-2)(x-3)]'$

$$=(x-1)'\ (x-2)(x-3)+(x-1)(x-2)'\ (x-3)+(x-1)(x-2)(x-3)'$$

$$=(x-2)(x-3)+(x-1)(x-3)+(x-1)(x-2)$$

$$y'|_{x=3}=(3-2)(3-3)+(3-1)(3-3)+(3-1)(3-2)=2$$

方法 2：$y'=[(x-1)(x-2)(x-3)]'$

$$=(x^3-6x^2+11x-6)'$$

$$=3x^2-12x+11$$

$$y'|_{x=3}=3\cdot3^2-12\cdot3+11=2$$

三、函数商的可导法则

微课

设函数 $u=u(x)$ 和 $v=v(x)$ 在点 x 处可导，则他们的商（分母不为零）在点 x 处也可导，即

$$\left(\frac{u(x)}{v(x)}\right)'=\frac{u'(x)v(x)-u(x)v'(x)}{v^2(x)},\quad(v(x)\neq0)$$

例 7　设 $y=\dfrac{\sin x}{1+x}$，求 y'。

解：$y'=\dfrac{(\sin x)'\cdot(1+x)-(\sin x)\cdot(1+x)'}{(1+x)^2}=\dfrac{(\cos x)\cdot(1+x)-(\sin x)\cdot1}{(1+x)^2}$

$$=\frac{(1+x)\cdot\cos x-\sin x}{(1+x)^2}$$

例 8　$y=\log_a x$（$a>0$，且 $a\neq1$），求 y'。

解：由于 $\log_a x=\dfrac{\ln x}{\ln a}$，所以

$$(\log_a x)'=\left(\frac{\ln x}{\ln a}\right)'=\frac{1}{\ln a}(\ln x)'=\frac{1}{x\ln a}$$

例 9　$y=\cot x$，求 y'。

解：$(\cot x)'=\left(\dfrac{\cos x}{\sin x}\right)'=\dfrac{(\cos x)'\sin x-\cos x(\sin x)'}{(\sin x)^2}=\dfrac{(-\sin x)\sin x-\cos x(\cos x)}{(\sin x)^2}$

$$=-\frac{\sin^2x+\cos^2x}{(\sin x)^2}=-\csc^2x$$

即

$$(\cot x)' = -\csc^2 x$$

同理

$$(\tan x)' = \sec^2 x$$

例 10 设函数 $v(x)$ 可导，且 $v(x)\neq 0$，证明 $\left(\frac{1}{v(x)}\right)' = -\frac{v'(x)}{v^2(x)}$。

解：$\left(\frac{1}{v(x)}\right)' = \frac{1'\cdot v(x) - 1\cdot v'(x)}{v^2(x)} = \frac{0 - v'(x)}{v^2(x)} = -\frac{v'(x)}{v^2(x)}$

例 11 $y=\sec x$，求 y'。

解：$(\sec x)' = \left(\frac{1}{\cos x}\right)' = -\frac{(\cos x)'}{\cos^2 x} = -\frac{-\sin x}{\cos^2 x} = \frac{\sin x}{\cos x}\frac{1}{\cos x} = \tan x\sec x$

即

$$(\sec x)' = \tan x\sec x$$

同理

$$(\csc x)' = -\cot x\csc x$$

一、选择题

1. 函数 $f(x)$ 与 $g(x)$ 在 x_0 处都没有导数，则 $F(x)=f(x)+g(x)$，$G(x)=f(x)-g(x)$ 在 x_0 处（　　）

A. 一定都没有导数　　B. 一定都有导数

C. 至少一个有导数　　D. 至多一个有导数

2. 曲线 $y=2x^3-5x^2+4x-5$ 在点（2，-1）处切线斜率等于（　　）

A. 8　　B. 12　　C. -6　　D. 6

3. 设 $f(x)=\begin{cases}x^2-2x+2, & x>1\\ 1, & x\leqslant 1\end{cases}$，则 $f(x)$ 在 $x=1$ 处（　　）

A. 不连续　　B. 连续，但不可导

C. 连续，且有一阶导数　　D. 有任意阶导数

二、计算题(计算下列函数的导数)

1. $y=x^3-5$

2. $y=(1+3x)(x^3-2x)$

3. $y=\frac{x^4}{3}-\frac{4}{x^3}$

4. $y=\frac{x^2-1}{x^2+1}$

5. $y=\sqrt{x}\sin x+\cos x\ln x$

6. $y=\ln\left|\frac{\sqrt{1+x^3}-1}{\sqrt{1+x^3}+1}\right|$

PPT

第三节　反函数的导数与复合函数的导数

一、反函数的导数

定理 3.3　设单调函数 $x=\varphi(y)$ 在区间 I 内可导，$\varphi'(y)\neq 0$，则它的反函数 $y=f(x)$ 在相应的某区间 J 内单调、可导，且 $f'(x)=\dfrac{1}{\varphi'(y)}$ 或 $y'_x=\dfrac{1}{x'_y}$。

该定理 3.3 说明：一个函数单调、连续、可导，则它的反函数存在，且单调、连续、可导。

例 1　$y=\arcsin x\ (-1<x<1)$，求 y'。

解：因为 $y=\arcsin x\ (-1<x<1)$ 是 $x=\sin y\left(-\dfrac{\pi}{2}\leqslant y\leqslant\dfrac{\pi}{2}\right)$ 的反函数。而 $x=\sin y$ 在 $\left[-\dfrac{\pi}{2},\ \dfrac{\pi}{2}\right]$ 单调、可导，且 $(\sin y)'_y=\cos y>0$，所以

$$(\arcsin x)'_x=\frac{1}{\cos y}=\frac{1}{\sqrt{1-\sin^2 y}}=\frac{1}{\sqrt{1-x^2}}$$

即

$$(\arcsin x)'_x=\frac{1}{\sqrt{1-x^2}}$$

同理

$$(\arccos x)'_x=-\frac{1}{\sqrt{1-x^2}}$$

例 2　设 $y=\arctan x$，$x\in(-\infty,\ +\infty)$，求 y'。

解：因为 $y=\arctan x$，$x\in(-\infty,\ +\infty)$ 是 $x=\tan y\left(-\dfrac{\pi}{2}<y<\dfrac{\pi}{2}\right)$ 的反函数。而 $x=\tan y$ 在 $\left(-\dfrac{\pi}{2},\ \dfrac{\pi}{2}\right)$ 单调、可导，且 $(\tan y)'_y=\sec^2 y>0$，所以

$$(\arctan x)'_x=\frac{1}{\sec^2 y}=\cos^2 y=\frac{\cos^2 y}{\cos^2 y+\sin^2 y}=\frac{1}{1+\tan^2 y}=\frac{1}{1+x^2}$$

即

$$(\arctan x)'_x=\frac{1}{1+x^2}$$

同理

$$(\operatorname{arccot} x)'_x=-\frac{1}{1+x^2}$$

微课

二、复合函数的导数

定理 3.4　设 $u=\varphi(x)$ 在点 x 处可导，$y=f(u)$ 在对应点 $u(u=\varphi(x))$ 处也可导，复合函数 $y=f[\varphi(x)]$ 在点 x 的邻域内有定义，则 $y=f[\varphi(x)]$ 在点 x 处是可导的，且

$$y'_x = y'_u \cdot u'_x \text{或} \frac{dy}{dx} = \frac{dy}{du}\frac{du}{dx}$$

此法则称为复合函数求导的链法则。

法则可推广到几个中间变量的情形，如$y=f(u)$，$u=\varphi(v)$，$v=g(x)$复合而成$y=f\{\varphi[g(x)]\}$，则

$$y'_x = y'_u \cdot u'_v \cdot v'_x$$

例 3 $y=\sin ax$，求y'。

解：$y=\sin ax$ 可看成 $y=\sin u$ 和 $u=ax$ 的复合，因此

$$y'_x = y'_u \cdot u'_x = (\sin u)'_u \cdot (ax)'_x = a\cos u = a\cos ax$$

即

$$(\sin ax)' = a\cos ax$$

求复合函数的导数时，先将函数进行分解（由整体到局部，由表及里），然后应用复合函数求导的链法则，最后将中间变量回代。

例 4 $y=e^{-5x}$，求y'。

解：$y=e^{-5x}$可看成$y=e^u$ 和 $u=-5x$ 的复合，因此

$$y'_x = y'_u \cdot u'_x = (e^u)'_u \cdot (-5x)'_x = -5e^u = -5e^{-5x}$$

例 5 证明：$(\ln|x|)' = \frac{1}{x}$，$(x\neq 0)$。

证明：$y=\ln|x|$可看成$y=\ln u$ 和 $u=|x|$的复合，因为 $u=|x|=\begin{cases} x, & x>0 \\ -x, & x<0 \end{cases}$，所以

$$y'_u = (\ln u)'_u = \frac{1}{u} = \begin{cases} \frac{1}{x}, & x>0 \\ -\frac{1}{x}, & x<0 \end{cases}, \quad u'_x = \begin{cases} 1, & x>0 \\ -1, & x<0 \end{cases},$$

当$x>0$时，$y'_x = y'_u \cdot u'_x = \frac{1}{x} \cdot 1 = \frac{1}{x}$

当$x<0$时，$y'_x = y'_u \cdot u'_x = \left(-\frac{1}{x}\right) \cdot (-1) = \frac{1}{x}$

综上

$$(\ln|x|)' = \frac{1}{x}, \ (x\neq 0)$$

例 6 $y=2^{\sin x^2}$，求y'。

解：$y=2^{\sin x^2}$可看成$y=2^u$、$u=\sin v$、$v=x^2$ 的复合，因此

$$y'_x = y'_u \cdot u'_v \cdot v'_x = (2^u)'_u \cdot (\sin v)'_v \cdot (x^2)'_x = 2^u(\ln 2) \cdot (\cos v) \cdot (2x) = 2^{\sin x^2}(\ln 2) \cdot (\cos x^2) \cdot (2x)$$

当熟练运用链法则以后可以不必写出中间变量。

例 7 $y=\ln(x+\sqrt{x^2\pm a^2})$，求$y'$。

解：$y' = \frac{1}{x+\sqrt{x^2\pm a^2}}(x+\sqrt{x^2\pm a^2})'$

$= \frac{1}{x+\sqrt{x^2\pm a^2}}[1+(\sqrt{x^2\pm a^2})']$

$= \frac{1}{x+\sqrt{x^2\pm a^2}}\left[1+\frac{1}{2\sqrt{x^2\pm a^2}}(x^2\pm a^2)'\right]$

$$=\frac{1}{x+\sqrt{x^2\pm a^2}}\left(1+\frac{1}{2\sqrt{x^2\pm a^2}}\cdot 2x\right)$$

$$=\frac{1}{\sqrt{x^2\pm a^2}}$$

例 8　设 $y=f(x)$ 可导，可总结出下列函数关于 x 的导数。

(1) $y=\sin[f(x)]$　　$y'=\cos[f(x)]\cdot f'(x)$

(2) $y=e^{f(x)}$　　$y'=e^{f(x)}\cdot f'(x)$

(3) $y=\ln[f(x)]$　$(f(x)>0)$　　$y'=\dfrac{f'(x)}{f(x)}$

(4) $y=f(\sin x)$　　$y'=f'(\sin x)\cdot\cos x$

(5) $y=f(e^x)$　　$y'=f'(e^x)\cdot e^x$

(6) $y=f(\ln x)$　　$y'=f'(\ln x)\cdot\dfrac{1}{x}$

习题 3-3

一、选择题

1. $y=\mathrm{arctg}\dfrac{1}{x}$，则 $y'=$ (　　)

A. $-\dfrac{1}{1+x^2}$　　B. $\dfrac{1}{1+x^2}$　　C. $-\dfrac{x^2}{1+x^2}$　　D. $\dfrac{x^2}{1+x^2}$

2. 若 $f(x)=\begin{cases}e^{ax}, & x<0\\ b+\sin 2x, & x\geqslant 0\end{cases}$ 在 $x=0$ 处可导，则 a，b 的值应为 (　　)

A. $a=2$，$b=1$　　B. $a=1$，$b=2$　　C. $a=-2$，$b=1$　　D. $a=2$，$b=-1$

3. 要使函数 $f(x)=\begin{cases}x^n\sin\dfrac{1}{x}, & x=0\\ 0, & x\neq 0\end{cases}$ 在 $x=0$ 处的导函数连续，则 n 应取何值 (　　)

A. $n=0$　　B. $n=1$　　C. $n=2$　　D. $n\geqslant 3$

二、填空题

1. 若 $f(x)$ 可导，$y=f\{f[f(x)]\}$，则 $y'=$____________。

2. 已知 $f(x)=\begin{cases}\dfrac{1}{x}\sin^2 x, & x\neq 0\\ 0, & x=0\end{cases}$ 则 $f'(0)$ =____________，$f'\left(\dfrac{\pi}{2}\right)=$____________。

3. 若 $f(x)=\begin{cases}x^2\mathrm{arctg}\dfrac{1}{x}, & x\neq 0\\ 0, & x=0\end{cases}$，则 $f'(0)=$____________，$f'(x)=$____________，$\lim\limits_{x\to 0^+}\dfrac{f(x)}{x}=$____________。

三、计算题(计算下列函数的导数)

1. $y=(1+2x)^{10}$

2. $y=\ln\sin x$

3. $y=\cos 5x$

4. $y=\left(\dfrac{x}{3x-1}\right)^5$

5. $y=\dfrac{x}{2}\sqrt{a^2-x^2}$

6. $y=\arcsin(2x)$

7. $y=\arctan\dfrac{2}{3x}$

8. $y=e^{a^2+bx+c}$

第四节　高阶导数

PPT

微课

一、高阶导数的概念

一般地，函数 $y=f(x)$ 的导数仍然是 x 的函数，如果 $f'(x)$ 也是可导的，则称 $f'(x)$ 的导数 $(f'(x))'$ 为 $f(x)$ 的二阶导数，相应地，二阶导数的导数称为三阶导数，三阶导数的导数称为四阶导数，…，$(n-1)$ 阶导数的导数称为 n 阶导数，分别记为

$$y'',\ y''',\ y^{(4)},\ \cdots,\ y^{(n)}$$

或

$$f''(x),\ f'''(x),\ f^{(4)}(x),\ \cdots,\ f^{(n)}(x)$$

或

$$\frac{d^2y}{dx^2},\ \frac{d^3y}{dx^3},\ \frac{d^4y}{dx^4},\ \cdots,\ \frac{d^ny}{dx^n}$$

y 也叫做函数的零阶导数，y' 也叫做函数的一阶导数。二阶及二阶以上的导数统称为高阶导数。

例 1　设 $y=e^{\sin x}$，求 y''。

解：$y'=e^{\sin x}\cdot\cos x$

$y''=(e^{\sin x})'\cdot\cos x+e^{\sin x}\cdot(\cos x)'$

$=e^{\sin x}\cdot\cos^2x+e^{\sin x}\cdot(-\sin x)$

$=e^{\sin x}\cdot(\cos^2x-\sin x)$

例 2　求 $y=a^x$ 的各阶导数。

解：$y'=a^x\ln a$

$y''=a^x(\ln a)^2$

$y'''=a^x(\ln a)^3$

$y^4=a^x(\ln a)^4$

一般地，有

$$y^{(n)}=a^x(\ln a)^n$$

当 $y=e^x$，$y^{(n)}=e^x$

求高阶导数时，需根据 y'，y''，y'''，…归纳出的一般规律。

例3　求 $y=\ln x$ 的各阶导数。

解：$y'=x^{-1}$

$y''=(-1)^1\cdot 1\cdot x^{-2}$

$y'''=(-1)^2\cdot 1\cdot 2\cdot x^{-3}$

$y^{(4)}=(-1)^3\cdot 1\cdot 2\cdot 3\cdot x^{-4}$

一般地，有

$$y^{(n)}=(-1)^{n-1}\cdot 1\cdot 2\cdot 3\cdots(n-1)\cdot x^{-n}$$

例4　求幂函数 $y=x^n$，$n\in N$ 的高阶导数。

解：$y'=nx^{n-1}$

$y''=n\cdot(n-1)\ x^{n-2}$

$y'''=n\cdot(n-1)\cdot(n-2)\ x^{n-3}$

$y^{(4)}=n\cdot(n-1)\cdot(n-2)\cdot(n-3)\ x^{n-4}$

一般地，有

$$y^{(n)}=n!$$

例5　求 $y=(ax+b)^n$ 的高阶导数。

解：$y'=an\ (ax+b)^{n-1}$

$y''=a^2n\ (n-1)(ax+b)^{n-2}$

$y'''=a^3n\ (n-1)(n-2)(ax+b)^{n-3}$

$y^{(4)}=a^4n\ (n-1)(n-2)(n-3)(ax+b)^{n-4}$

一般地，有

$$y^{(n)}=a^n n!$$

例6　求多项式 $P_n(x)\ =a_0x^n+a_1x^{n-1}+\cdots+a_{n-1}x+a_n$ 的高阶导数。

解：$(P_n(x))'=a_0nx^{n-1}+a_1(n-1)\ x^{n-2}+\cdots+a_{n-2}x+a_{n-1}$

$(P_n(x))''=a_0n\ (n-1)\ x^{n-2}+a_1(n-1)(n-2)\ x^{n-3}+\cdots+a_{n-3}x+a_{n-2}$

$(P_n(x))'''=a_0n\ (n-1)(n-2)\ x^{n-3}+a_1(n-1)(n-2)(n-3)\ x^{n-4}+\cdots+a_{n-4}x+a_{n-3}$

$(P_n(x))(4)=a_0n\ (n-1)(n-2)(n-3)\ x^{n-4}+a_1(n-1)(n-2)(n-3)(n-4)\ x^{n-5}+\cdots$
$+a_{n-5}x+a_{n-4}$

一般地，有

$$(P_n(x))^{(n)}=a_0n!$$

例7　求 $y=\sin x$ 的高阶导数。

解：$y'=\cos x=\sin\left(x+\frac{\pi}{2}\right)$

$y''=\cos\left(x+\frac{\pi}{2}\right)=\sin\left[\left(x+\frac{\pi}{2}\right)+\frac{\pi}{2}\right]=\sin\left(x+2\cdot\frac{\pi}{2}\right)$

$y'''=\cos\left(x+2\cdot\frac{\pi}{2}\right)=\sin\left(x+3\cdot\frac{\pi}{2}\right)$

$y^{(4)}=\cos\left(x+3\cdot\frac{\pi}{2}\right)=\sin\left(x+4\cdot\frac{\pi}{2}\right)$

一般地，有

$$\sin^{(n)}x=\sin\left(x+n\cdot\frac{\pi}{2}\right)$$

同理可得

$$\cos^{(n)}x=\cos\left(x+n\cdot\frac{\pi}{2}\right)$$

二、高阶导数的运算法则

设 $f(x)$，$g(x)$ 有直到 n 阶的导数，则有。

（1）$(f(x)\pm g(x))^{(n)}=f^{(n)}(x)\pm g^{(n)}(x)$。

（2）莱布尼兹公式 $(f(x)\cdot g(x))^{(n)}=\sum\limits_{k=0}^{n}C_n^k f^{(n-k)}(x)\ g^{(k)}(x)$，其中 $C_n^k=\dfrac{n!}{k!\ (n-k)!}$。

例 8 设 $y=x^2\sin x$，求 $y^{(80)}$。

解：$y^{(80)}=(x^2\cdot\sin x)^{(80)}=\sum\limits_{k=0}^{80}C_{80}^k(x^2)^{(80-k)}(\sin x)^{(k)}=\sum\limits_{k=78}^{80}C_{80}^k(x^2)^{(80-k)}(\sin x)^{(k)}$

一、选择题

1. 设 $y=e^{f(x)}$ 且 $f(x)$ 二阶可导，则 $y''=$（　　）

A. $e^{f(x)}$　　B. $e^{f(x)}f''(x)$

C. $e^{f(x)}[f'(x)f''(x)]$　　D. $e^{f(x)}\{[f'(x)]^2+f''(x)\}$

2. 设 $f(x)$ 在点 $x=a$ 处为二阶可导，则 $\lim\limits_{h\to0}\dfrac{\dfrac{f(a+h)-f(a)}{h}}{h}=$（　　）

A. $\dfrac{f''(a)}{2}$　　B. $f''(a)$　　C. $2f''(a)$　　D. $-f''(a)$

3. 函数 $f(x)=\begin{cases}\dfrac{\sqrt{1+x}-1}{x}, & x\neq0\\ \dfrac{1}{2}, & x=0\end{cases}$ 在 $x=0$ 处（　　）

A. 不连续　　B. 连续不可导

C. 连续且仅有一阶导数　　D. 连续且有二阶导数

4. 设函数 $f(x)$ 有连续的二阶导数，且 $f(0)=0$，$f'(0)=1$，$f''(0)=-2$，则极限 $\lim\limits_{x\to0}\dfrac{f(x)-x}{x^2}$ 等于（　　）

A. 1　　B. 0　　C. 2　　D. -1

二、计算题

1. 计算下列函数的各阶导数

（1）$y=x^4$　　（2）$y=\ln(1+x)$

（3）$y=xe^x$　　（4）$y=(1+x)^m$

2. 计算下列函数的二阶导数

（1）$y=\ln(1+x^2)$　　（2）$y=x^2\ln x$

（3）$y=(1+x^2)\arctan x$　　（4）$y=e^{x^2}$

PPT

第五节　隐函数及由参数方程所确定的函数的导数相关变化率

一、隐函数的导数

如果由方程$F(x,\ y)=0$确定隐函数$y=f(x)$可导，则将$y=f(x)$代入方程中，得到$F(x,\ f(x))\equiv 0$，对此方程两边关于x求导：$\frac{\mathrm{d}}{\mathrm{d}x}F(x,\ y)=0$，然后，从这个式子中解出$y'$，就得到隐函数的导数。

例1　求由方程$F(x,\ y)=xy-e^x+e^y=0(x\geqslant 0)$所确定的隐函数的导数$y'$，并求$y'|_{x=0}$。

解：两边同时对x求导，得

$$(xy)'=(e^x)'-(e^y)'$$

$$y+xy'=e^x-e^yy'$$

化简

$$(x+e^y)\ y'=e^x-y$$

从而有

$$y'=\frac{e^x-y}{x+e^y}$$

二、由参数方程所确定的函数的导数

（一）参数方程的求导法则

设$\begin{cases}x=x(t)\\y=y(t)\end{cases}t\in I$，若$\frac{\mathrm{d}y}{\mathrm{d}t}=y'(t)$，$\frac{\mathrm{d}x}{\mathrm{d}t}=x'(t)$ 存在，且$x'(t)\neq 0$，则

$$\frac{\mathrm{d}y}{\mathrm{d}x}=\frac{y'(t)}{x'(t)}=\frac{\frac{\mathrm{d}y}{\mathrm{d}t}}{\frac{\mathrm{d}x}{\mathrm{d}t}}$$

例2　求椭圆$\begin{cases}x=a\cos t\\y=b\sin t\end{cases}$，在$t=\frac{\pi}{2}$时的切线方程。

解：$y'_x=\frac{y'_t}{x'_t}=\frac{b\cos t}{-a\sin t}=-\frac{b}{a}\cot t$

当$t=\frac{\pi}{2}$时，$k=-\frac{b}{a}\cot\frac{\pi}{2}=0$，$x_0=a\cos\frac{\pi}{2}=0$，$y_0=b\sin\frac{\pi}{2}=b$

因此，所求切线方程为

$$y-b=0(x-0)$$

即

$$y=b$$

（二）对数求导法

对$y=f(x)$两边同时取对数后对方程两边关于x求导，常用来求一些复杂的乘除式、根式、幂指函数等的导数。

例 3 求 $y=x^{\sin x}$ 的导数。

解：对 $y=x^{\sin x}$ 的两边取自然对数，有

$$\ln y=\sin x\cdot\ln x$$

两边对 x 求导，注意到 y 是 x 的函数，得

$$\frac{1}{y}\cdot y'=\cos x\cdot\ln x+\sin x\cdot\frac{1}{x}$$

所以

$$y'=y\left(\cos x\cdot\ln x+\sin x\cdot\frac{1}{x}\right)=x^{\sin x}\left(\cos x\cdot\ln x+\frac{\sin x}{x}\right)$$

（三）隐函数、参数方程确定的函数的高阶导数

例 4 设 $x^2+xy+y^2=4$，求$\frac{d^2y}{dx^2}$。

解：两边同时对 x 求导，得

$$(x^2)'+(xy)'+(y^2)'=0$$

$$2x+y+xy'+2yy'=0$$

化简

$$(x+2y)\ y'=-(2x+y)$$

从而有

$$y'=-\frac{2x+y}{x+2y}$$

$$y''=\frac{d^2y}{dx^2}=-\frac{(2x+y)'\ (x+2y)-(2x+y)(x+2y)'}{(x+2y)^2}$$

$$=-\frac{(2+y')(x+2y)-(2x+y)(1+2y')}{(x+2y)^2}$$

$$=-\frac{\left(2-\frac{2x+y}{x+2y}\right)(x+2y)-(2x+y)\left(1-2\frac{2x+y}{x+2y}\right)}{(x+2y)^2}$$

$$=-\frac{6\ (x^2+y^2+xy)}{(x+2y)^3}$$

例 5 设$\begin{cases}x=\ln(1+t^2)\\y=t-\arctan t\end{cases}$，求$\frac{d^3y}{dx^3}$。

解：$\frac{dy}{dx}=\frac{\frac{dy}{dt}}{\frac{dx}{dt}}=\frac{(t-\arctan t)'}{[\ln(1+t^2)]'}=\frac{1-\frac{1}{1+t^2}}{\frac{2t}{1+t^2}}=\frac{t}{2}$

$$\frac{d^2y}{dx^2}=\left(\frac{t}{2}\right)'=\frac{1}{2}$$

$$\frac{d^3y}{dx^3}=\left(\frac{1}{2}\right)'=0$$

微课

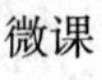

三、相关变化率

设 $x=x(t)$ 及 $y=y(t)$ 都是可导函数，而变量 x 与 y 之间存在某种关系，从而它们的变化率$\frac{dx}{dt}$

与$\frac{dy}{dt}$间也存在一定关系，这样两个相互依赖的变化率称为相关变化率。

问题：已知其中一个变化率时如何求出另一个变化率？

例 6　一个气球的半径以 $10cm/s^2$ 的速度增长，求当半径为 10cm 时体积和表面积的增长速度。

解：设在时刻 t 时，气球的半径为 $r=r(t)$，则气球的体积和表面积分别为

$$V=\frac{4}{3}\pi r^3(t) \qquad S=4\pi r^2(t)$$

显然，V 和 S 都是 t 的函数。

$$\frac{dV}{dt}=\frac{4}{3}\pi\cdot 3r^2(t)\cdot\frac{dr(t)}{dt} \qquad \frac{dS}{dt}=4\pi\cdot 2r(t)\cdot\frac{dr(t)}{dt}$$

由题设知 $r(t)=10cm$，$\frac{dr(t)}{dt}=10cm/s^2$，则

$$\left.\frac{dV}{dt}\right|_{r(t)=10}=4\pi\cdot 10^2\cdot 10=4000\pi cm^3/s \qquad \left.\frac{dS}{dt}\right|_{r(t)=10}=4\pi\cdot 2\cdot 10\cdot 10=800\pi cm^2/s$$

即 $r=10cm$ 时，体积的增长速度为 $4000\pi cm^3/s$，面积的增长速度为 $800\pi cm^2/s$。

一、填空题

1. 设函数 $y=y(x)$ 由方程 $xy-e^x+e^y=0$ 所确定，则 $y'(0)=$__________。

2. 若 $f(x)=\begin{cases}x=t^2+2t\\y=\ln(1+t)\end{cases}$，则$\left.\frac{dy}{dx}\right|_{t=0}=$__________。

3. 已知$\begin{cases}x=a(\sin t-t\cos t)\\y=a(\cos t+t\sin t)\end{cases}$，则$\left.\frac{dx}{dy}\right|_{t=\frac{3}{4}\pi}=$__________，$\left.\frac{d^2x}{dy^2}\right|_{t=\frac{3}{4}\pi}=$__________。

4. 曲线 $(5y+2)^3=(2x+1)^5$ 在点$\left(0,-\frac{1}{5}\right)$处的切线方程是__________。

二、计算题

1. 计算下列隐函数的导数

(1) $y^2=2px$　　(2) $y=x\ln y$

(3) $x^2+xy+y^2=4$　　(4) $e^y=xy$

2. 利用对数求导法计算下列函数的导数

(1) $y=x+x^x$　　(2) $y=\frac{\sqrt{x+2}(3-x)^4}{(1+x)^5}$

3. 求下列由参数方程所确定的函数的导数

(1) 已知$\begin{cases}x=\arctan t\\y=\ln(1+t^2)\end{cases}$　　(2) $\begin{cases}x=3t^2+2t+3\\e^y\sin t-y+1=0\end{cases}$

PPT

第六节 微分及其应用

一、微分的定义

案例讨论

正方形金属薄片受热后面积的改变量

【案例】 设正方形金属薄片面积与边长的函数关系为 $S=x^2$，如图3-3所示，当边长由 x_0 变到 $x_0+\Delta x(\Delta x>0)$ 时，面积的改变量为 $\Delta S=(x_0+\Delta x)^2-(x_0)^2=2x_0\cdot\Delta x+(\Delta x)^2$。

面积的增量由两部分构成：

（1）$2x_0\cdot\Delta x$ 是 Δx 的线性函数，且为 ΔS 的主要部分。

（2）$(\Delta x)^2$ 是 Δx 的高阶无穷小，当 Δx 很小时可忽略。

同理，当 $\Delta x<0$ 时，可得相同结论。

所以

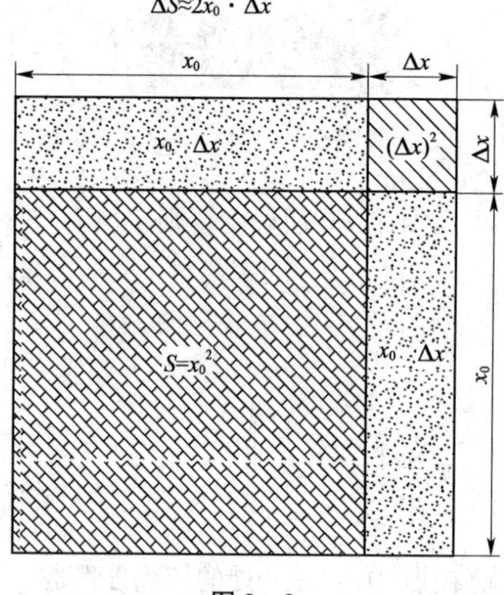

图3-3

再例如，设函数 $y=x^3$ 在点 x_0 处的改变量为 Δx 时，求函数的改变量 Δy。

$$\Delta y=(x_0+\Delta x)^3-(x_0)^3=3x_0^2\cdot\Delta x+3x_0\cdot(\Delta x)^2+(\Delta x)^3$$

（1）$3x_0^2\cdot\Delta x$ 是 Δx 的线性函数，且为 Δy 的主要部分。

（2）$3x_0\cdot(\Delta x)^2+(\Delta x)^3$ 是 Δx 的高阶无穷小 $o(\Delta x)$，当 $|\Delta x|$ 很小时可忽略。

所以

$$\Delta y\approx 3x_0^2\cdot\Delta x$$

【讨论】 中的线性函数是否所有函数的改变量都有？它是什么？如何求？

定义 设函数 $y=f(x)$ 在某区间内有定义，x_0 及 $x_0+\Delta x$ 在这区间内，如果

$$\Delta y=f(x_0+\Delta x)-f(x_0)=A\cdot\Delta x+o(\Delta x)$$

成立（其中 A 是与 Δx 无关的常数），则称函数 $y=f(x)$ 在点 x_0 可微，并且称 $A\cdot\Delta x$ 为函数

$y=f(x)$在点x_0相应于自变量增量Δx的微分，记作$dy|_{x=x_0}$或$df(x_0)$，即

$$dy|_{x=x_0}=A\cdot\Delta x$$

微分$dy|_{x=x_0}$叫做函数增量Δy的线性主部，此为微分的实质。

定理3.5　函数$f(x)$在点x_0可微的充分必要条件是函数$f(x)$在点x_0处可导。

证明：

(1) 必要性　$\because f(x)$在点x_0可微，$\therefore \Delta y=A\cdot\Delta x+o(\Delta x)$，$\therefore \dfrac{\Delta y}{\Delta x}=A+\dfrac{o(\Delta x)}{\Delta x}$，则

$$\lim_{\Delta x\to0}\frac{\Delta y}{\Delta x}=A+\lim_{\Delta x\to0}\frac{o(\Delta x)}{\Delta x}=A$$

即函数$f(x)$在点x_0处可导。

(2) 充分性　函数$f(x)$在点x_0处可导，$\therefore \lim\limits_{\Delta x\to0}\dfrac{\Delta y}{\Delta x}=f'(x_0)$，即$\dfrac{\Delta y}{\Delta x}=f'(x_0)+\alpha$，

从而　$$\Delta y=f'(x_0)\cdot\Delta x+\alpha\cdot(\Delta x)$$

$\because \alpha\to0\ (\Delta x\to0)$，$\therefore \Delta y=f'(x_0)\cdot\Delta x+o(\Delta x)$，$\therefore$ 函数$f(x)$在点x_0可微，且$f'(x_0)=A$。

定理3.5表明，函数$f(x)$在点x_0可微与在点x_0处可导是等价的，且如果函数$f(x)$在点x_0可微，则

$$dy|_{x=x_0}=f'(x_0)\cdot\Delta x$$

例1　求函数$y=x^2$在$x=1$处的微分。

解：$dy=f'(x_0)\cdot\Delta x=(x^2)'|_{x=1}\cdot\Delta x=2x|_{x=1}\cdot\Delta x=2\Delta x$

函数$y=f(x)$在任意一点x处的微分称为函数的微分，记作dy或$df(x)$，即

$$dy=f'(x)\cdot\Delta x$$

由微分的定义知：

(1) dy是自变量的改变量Δx的线性函数。

(2) $\Delta y-dy=o(\Delta x)$是比Δx高阶无穷小。

(3) 当$f'(x)\neq0$时，dy与Δy是等价无穷小

$$\frac{\Delta y}{dy}=1+\frac{o(\Delta x)}{A\cdot\Delta x}\to1\ (x\to0)$$

(4) 当$|\Delta x|$很小时，$\Delta y\approx dy$。(线性主部)

例2　求函数$y=x^3$，当$x=2$，$\Delta x=0.02$时的微分。

解：先求函数在任意点的微分

$$dy=f'(x)\cdot\Delta x=(x^3)'\cdot\Delta x=3x^2\cdot\Delta x$$

再求函数当$x=2$，$\Delta x=0.02$时的微分

$$dy\Big|_{\substack{x=2\\ \Delta x=0.02}}=3x^2\cdot\Delta x\Big|_{\substack{x=2\\ \Delta x=0.02}}=3\times2^2\times0.02=0.24$$

通常把自变量x的增量Δx称为自变量的微分，记作dx，即$dx=\Delta x$，从而函数$y=f(x)$的微分可以表示成

$$dy=f'(x)\cdot dx$$

$$dy=y'\cdot dx$$

上式也可以写成

$$\frac{dy}{dx}=f'(x)$$

这表明函数的导数等于函数的微分与自变量的微分的商，因此导数又称为微商。

微课

二、微分的几何意义

设函数 $y=f(x)$ 在点 x_0 处可微，则根据函数在一点处可微的定义及导数的几何意义，可知：当 Δy 是曲线的纵坐标增量时，$\mathrm{d}y$ 就是切线纵坐标对应的增量，如图 3－4 所示。

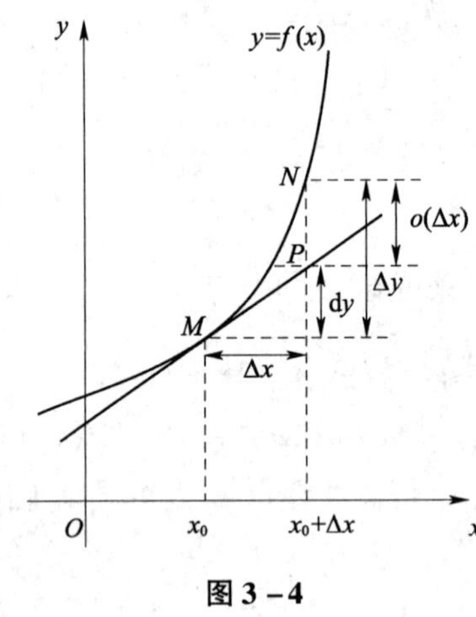

图 3－4

当 $|\Delta x|$ 的绝对值很小时，由于 $\Delta y-\mathrm{d}y=o(\Delta x)$，所以在点 M 附近，切线段 MP 可近似代替曲线段 MN。

三、基本初等函数的微分公式与微分运算法则

（一）微分的基本公式

1. $\mathrm{d}(C)=0$
2. $\mathrm{d}(x^{\mu})=\mu x^{\mu-1}\mathrm{d}x$
3. $\mathrm{d}(a^x)=a^x\ln a\mathrm{d}x$

   $\mathrm{d}(e^x)=e^x\mathrm{d}x$
4. $\mathrm{d}(\log_a|x|)=\dfrac{1}{x\ln a}\mathrm{d}x$

   $\mathrm{d}(\ln|x|)=\dfrac{1}{x}\mathrm{d}x$
5. $\mathrm{d}(\sin x)=\cos x\mathrm{d}x$
6. $\mathrm{d}(\cos x)=-\sin x\mathrm{d}x$
7. $\mathrm{d}(\tan x)=\sec^2 x\mathrm{d}x$
8. $\mathrm{d}(\cot x)=-\csc^2 x\mathrm{d}x$
9. $\mathrm{d}(\sec x)=\sec x\tan x\mathrm{d}x$
10. $\mathrm{d}(\csc x)=-\csc x\cot x\mathrm{d}x$
11. $\mathrm{d}(\arcsin x)=\dfrac{1}{\sqrt{1-x^2}}\mathrm{d}x$
12. $\mathrm{d}(\arccos x)=-\dfrac{1}{\sqrt{1-x^2}}\mathrm{d}x$

13. $d(\arctan x)=\dfrac{1}{1+x^2}dx$

14. $d(\text{arccot}x)=-\dfrac{1}{1+x^2}dx$

（二）函数和、差、积、商的微分法则

1. $d(u\pm v)=du\pm dv$

2. $d(cu)=cdu$

3. $d(uv)=vdu+udv$

4. $d\left(\dfrac{u}{v}\right)=\dfrac{vdu-udv}{v^2}$　$(v\neq0)$

（三）一阶微分形式不变性（复合函数微分法则）

设函数 $y=f(u)$ 有导数 $f'(u)$，

（1）若 u 是自变量，$dy=f'(u)du$

（2）若 u 是中间变量，即 u 是另一个可微函数 $u=\varphi(x)$，有 $du=\varphi'(x)dx$，则

$$dy=f'(\varphi(x))\varphi'(x)dx=f'(u)du$$

结论：无论 u 是自变量还是中间变量，函数 $y=f(u)$ 的微分形式总是 $dy=f'(u)du$，这种性质称为函数的一阶微分形式不变性。

例 3　设函数 $y=4x^3+\ln x-1$，求 dy。

解：$y'=12x^2+\dfrac{1}{x}$

$dy=y'\cdot dx=\left(12x^2+\dfrac{1}{x}\right)dx$

例 4　设函数 $y=e^x\sin x$，求 dy。

解：$y'=(e^x)'\cdot\sin x+e^x\cdot(\sin x)'=e^x\cdot\sin x+e^x\cdot\cos x=e^x(\sin x+\cos x)$

$dy=y'\cdot dx=e^x(\sin x+\cos x)dx$

例 5　设函数 $y=\sin 3x$，求 dy。

解：$dy=d(\sin 3x)=\cos(3x)d(3x)=\cos(3x)\cdot 3dx=3\cos(3x)dx$

例 6　在下列等式左端的括号里填入适当函数，使等式成立。

（1）d（________）$=xdx$　　（2）d（________）$=\cos\omega t dt$

解：（1）因为 $d(x^2+C)=2xdx$，根据微分运算法则有

$$xdx=\frac{1}{2}d(x^2+C)=d\left(\frac{x^2}{2}+C\right),$$

即
$$d\left(\frac{x^2}{2}+C\right)=xdx$$

（2）因为 $d(\sin\omega t+C)=\cos\omega t\cdot d(\omega t)=\cos\omega t\cdot\omega d(t)=\omega\cos\omega t d(t)$，

根据微分运算法则有

$$\cos\omega t d(t)=\frac{1}{\omega}d(\sin\omega t+C)=d\left(\frac{1}{\omega}\sin\omega t+C\right),$$

即
$$d\left(\frac{1}{\omega}\sin\omega t+C\right)=\cos\omega t d(t)$$

四、微分在近似计算中的应用

若$f(x)$在x_0处的导数$f'(x_0)\neq 0$，且$|\Delta x|$很小时，有$\Delta y\approx f'(x_0)\Delta x$，即

$$f(x_0+\Delta x)-f(x_0)=\Delta y\approx f'(x_0)\Delta x$$
$$f(x_0+\Delta x)\approx f(x_0)+f'(x_0)\Delta x$$

令$x=x_0+\Delta x$，则有

$$f(x)\approx f(x_0)+f'(x_0)(x-x_0)$$

特别地，当$x_0=0$时，有

$$f(x)\approx f(0)+f'(0)x$$

例7 利用微分计算$\cos 60°30'$的近似值。

解：设$f(x)=\cos x$，有$f'(x)=-\sin x$（x为弧度），

取$x_0=\dfrac{\pi}{3}$，$x-x_0=\dfrac{\pi}{360}$，因为$f(x)\approx f(x_0)+f'(x_0)(x-x_0)$，所以

$$\cos 60°30'=\cos\left(\frac{\pi}{3}+\frac{\pi}{360}\right)\approx\cos\left(\frac{\pi}{3}\right)-\sin\left(\frac{\pi}{3}\right)\cdot\frac{\pi}{360}=\frac{1}{2}-\frac{\sqrt{3}}{2}\cdot\frac{\pi}{360}\approx 0.4924$$

注：可推导出一些常用的近似计算公式（假定$|x|$是较小的数值）

（1）$\sqrt[n]{1+x}\approx 1+\dfrac{x}{n}$

（2）$\sin x\approx x$（x用弧度作单位表示）

（3）$\tan x\approx x$（x用弧度作单位表示）

（4）$e^x\approx 1+x$

（5）$\ln(1+x)\approx x$

例8 利用微分计算$\sqrt[3]{998.5}$的近似值。

解：$\sqrt[3]{998.5}=\sqrt[3]{1000-1.5}=\sqrt[3]{1000\left(1-\dfrac{1.5}{1000}\right)}=10\sqrt[3]{1-0.0015}$

取$f(x)=\sqrt[3]{1+x}$，$x=-0.0015$，由$f(x)\approx f(0)+f'(0)x$，$f(0)=1$，$f'(0)=\dfrac{1}{3}$知，

$\sqrt[3]{998.5}\approx 10\left(1+\dfrac{1}{3}\times(-0.0015)\right)=9.995$

一、选择题

1. 设$f(x)=x^n\sin\dfrac{1}{x}(x\neq 0)$且$f(0)=0$，则$f(x)$在$x=0$处（　　）

A. 令当$\lim\limits_{x\to 0}f(x)=\lim\limits_{x\to 0}x^n\sin\dfrac{1}{x}=f(0)=0$时才可微

B. 在任何条件下都可微

C. 当且仅当$n>2$时才可微

D. 因为$\sin\dfrac{1}{x}$在$x=0$处无定义，所以不可微

2. 若$f(x)$为可微分函数，当$\Delta x\to 0$时，则在点x处的$\Delta y-\mathrm{d}y$是关于Δx的（　　）

A. 高阶无穷小　　B. 等价无穷小

C. 低价无穷小　　D. 不可比较

二、填空题

1. 若函数$y=e^x(\cos x+\sin x)$，则$\mathrm{d}y=$__________。

2. 若$f(u)$可导，且$y=\sin f(e^{-x})$，则$\mathrm{d}y=$__________。

三、计算题

1. 求函数$y=x^2$当x由1改变到1.01时的微分。

2. 计算下列函数的微分

（1）$y=3x^2$　　（2）$y=\sqrt{1-x^2}$

（3）$y=\ln x^3$　　（4）$y=\tan\frac{x}{2}$

（5）$y=e^{ax+bx^2}$　　（6）$y=\sin(2x+3)$

3. 一个外直径为10cm的球，球壳厚度为0.25cm，试求球壳体积的近似值。

4. 求下列各式的近似值。

（1）$\sqrt[5]{0.95}$　　（2）$\sqrt[3]{8.02}$

（3）arctan1.02　　（4）ln1.01

本章小结

本章首先通过两个引例引出函数在一点处可导的定义，通过介绍左右导数，给出函数在一点处可导的充分必要条件。结合引例1给出导数的几何意义，借助导数，可以方便求出函数在一点处的切线方程。将上一章连续性的知识与导数的知识结合，可得出两者的关系。

通过导数的定义推导出中学学过的基本初等函数的导数公式，以及对导数的四则运算法则、反函数的导数、复合函数求导法则、高阶导数的介绍，有些中学没学过的初等函数的求导已经迎刃而解。

隐函数及参数方程的求导很容易出错，这是我们在中学没有讲过的知识，要好好理解。

微分是个陌生的概念，但与导数关系很强，求微分是在求导的基础上完成，所以正确求出函数的导函数至关重要。

本章介绍的有关导数的应用包括求相关变化率、近似值的计算、误差估计与实际生活息息相关，需要掌握并应用实践。

题库

一、选择题

1. 设函数$f(x)$在点0可导，且$f(0)=0$，则$\lim\limits_{x\to 0}\frac{f(x)}{x}=$（　　）

A. $f'(x)$　　B. $f'(0)$　　C. 不存在　　D. ∞

2. 若 $f'(x_0) = -3$，则 $\lim\limits_{\Delta x \to 0} \dfrac{f(x_0+\Delta x)-f(x_0+3\Delta x)}{\Delta x} =$（　　）

A. -3　　B. 6　　C. -9　　D. -12

3. 设 $f(x)=\begin{cases} \dfrac{2}{3}x^3, & x\leq 1 \\ x^2, & x>1 \end{cases}$ 则 $f(x)$ 在点 $x=1$ 处的（　　）

A. 左、右导数都存在

B. 左导数存在，但右导数不存在

C. 左导数不存在，但右导数存在

D. 左、右导数都不存在

4. 若函数 $f(x)$ 在点 a 连续，则 $f(x)$ 在点 a（　　）

A. 左导数存在　　B. 右导数存在

C. 左右导数都存在　　D. 有定义

5. 若 $f(x)$ 在 x_0 可导，则 $|f(x)|$ 在 x_0 处（　　）

A. 必可导

B. 连续但不一定可导

C. 一定不可导

D. 不连续

6. 若函数 $f(x)$ 在点 x_0 处有导数，而函数 $g(x)$ 在点 x_0 处没有导数，则 $F(x)=f(x)+g(x)$，$G(x)=f(x)-g(x)$ 在 x_0 处（　　）

A. 一定都没有导数

B. 一定都有导数

C. 恰有一个有导数

D. 至少一个有导数

7. 已知 $F(x)=f[g(x)]$，在 $x=x_0$ 处可导，则（　　）

A. $f(x)$，$g(x)$ 都必须可导

B. $f(x)$ 必须可导

C. $g(x)$ 必须可导

D. $f(x)$ 和 $g(x)$ 都不一定可导

8. 设函数 $y=f(u)$ 是可导的，且 $u=x^2$，则 $\dfrac{dy}{dx}=$（　　）

A. $f'(x^2)$　　B. $xf'(x^2)$　　C. $2xf'(x^2)$　　D. $x^2f(x^2)$

二、填空题

1. 曲线 $y=\ln x$ 在点 $(e, 1)$ 处的切线方程____________。

2. 设 $f(x)=\begin{cases} (x-1)^a\cos\dfrac{1}{x-1}, & x\neq 1 \\ 0, & x=1 \end{cases}$，则当 a 的值为____________时，$f(x)$ 在 $x=1$ 处连续，当 a 的值为____________时，$f(x)$ 在 $x=1$ 可导。

3. 设函数 $f(x)=\sin\left(2x+\dfrac{\pi}{2}\right)$，则 $f'\left(\dfrac{\pi}{4}\right)=$____________。

4. 已知 $y=x^2e^{x^2}$ 则 $y^{(4)}(0)=$____________，$y^{(5)}(0)=$____________。

5. 利用微分计算 $e^{-0.03}$ 的近似值是____________。

三、计算题

1. 计算下列函数的导函数

（1）$y=4^x-\dfrac{2}{x}+3\tan x+5$　　（2）$y=x\cdot\ln x$

（3）$y=\sec x\cdot\sqrt{x}\cdot\tan x$　　（4）$y=\dfrac{1+\sin x}{1-\cos x}$

（5）$f(x)=\begin{cases}\dfrac{e^x-1}{x}, & x\neq 0\\ 1, & x=0\end{cases}$　　（6）$y=\arctan\dfrac{1}{x}$

（7）$y=\ln\sqrt{1+x^2}$　　（8）$y=\sqrt{\cot\dfrac{x}{2}}$

（9）$\begin{cases}x=a\cos^3 t\\ y=a\sin^3 t\end{cases}\left(t\in\left[0,\dfrac{\pi}{2}\right]\right)$　　（10）$y=\sqrt[3]{\dfrac{(1-x)(1-2x)(1+x^2)}{(1+5x)(1+8x)(1+x^4)}}$

2. 计算下列高阶导数

（1）$\dfrac{\mathrm{d}^{100}}{\mathrm{d}x^{100}}\left(\dfrac{1}{x^2+5x+6}\right)$　　（2）$\left(\dfrac{1}{x}\right)^{(n)}$

（3）设 $\begin{cases}x=a(t-\sin t)\\ y=a(1-\sin t)\end{cases}$，求 $\dfrac{\mathrm{d}^2y}{\mathrm{d}x^2}$　　（4）设 $y=\tan(x+y)$，求 $\dfrac{\mathrm{d}^2y}{\mathrm{d}x^2}$

3. 设 $f(x)=\begin{cases}x^2, & 若\ x\leqslant x_0\\ ax+b, & 若\ x>x_0\end{cases}$，为了使函数 $f(x)$ 于点 $x=x_0$ 处连续而且可导，应当如何选取系数 a 和 b？

4. 求椭圆 $\dfrac{x^2}{a^2}+\dfrac{y^2}{b^2}=1$ 在点 (x_0, y_0) 处的切线方程。

四、思考题

若火车每小时所耗费燃料与火车速度的立方成正比。已知火车速度为 20km/h，每小时的燃料费用为 40 元，其他费用每小时 200 元，求最经济的行驶速度。

第四章　微分中值定理与导数的应用

学习目标

知识目标

1. 掌握拉格朗日中值定理。
2. 熟悉罗尔定理。

技能目标

1. 能运用洛必达法则求极限，$\frac{0}{0}$型、$\frac{\infty}{\infty}$型不定式极限。
2. 能利用导数判定函数单调性，求函数的极值和最值。
3. 能根据拐点及凹凸性描绘函数图像。

微分中值定理是导数应用的理论基础。本章将介绍微分中值定理中的罗尔中值定理、拉格朗日中值定理和柯西中值定理，然后利用这些定理来研究函数的特征和曲线的某些状态，并利用这些知识来解决一些实际问题。

第一节　中值定理

PPT

一、罗尔定理

定理 4.1　（罗尔定理）如果函数$f(x)$满足：

（1）在闭区间$[a,b]$上连续。

（2）在开区间(a,b)内可导。

（3）$f(a)=f(b)$。

那么在开区间(a,b)内至少存在一点ζ，使得$f'(\zeta)=0$成立。

罗尔定理几何意义：若在连续曲线$y=f(x)$的弧$\overset{\frown}{AB}$上，除端点外具有处处不垂直于x轴的切线（否则该点的导数为无穷大），且两个端点的纵坐标相等，则在弧$\overset{\frown}{AB}$上至少存在一点C，使曲线在该点的切线平行于x轴。（图4-1）

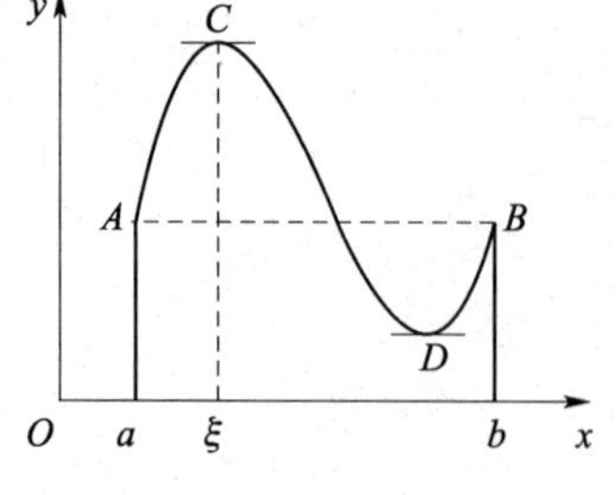

图4-1

证明：根据闭区间上连续函数的性质，由条件（1）可得，函数$f(x)$在闭区间$[a,b]$上必取得它的最大值M和最小值m。下面分两种情况来讨论：

①若$M=m$，则函数$f(x)$在闭区间$[a,b]$上恒为常数，结果显然成立。

②若$M=m$，因为$f(a)=f(b)$，所以M和m至少有一个在开区

间 (a, b) 内取得。不妨设$M \neq f(a)$，即在开区间 (a, b) 内存在一点ζ，使得$f(\zeta)=M$。

下面证明$f'(\zeta)=0$。因为$f(\zeta)$ 是函数$f(x)$ 在闭区间 $[a, b]$ 上的最大值，所以无论 $\Delta x>0$ 或 $\Delta x<0$，均有$f(\zeta+\Delta x)-f(\zeta) \leqslant 0$。

从而，当 $\Delta x>0$ 时，$\dfrac{f(\zeta+\Delta x)-f(\zeta)}{\Delta x} \leqslant 0$，当 $\Delta x<0$ 时，$\dfrac{f(\zeta+\Delta x)-f(\zeta)}{\Delta x} \geqslant 0$。由条件 (2) 可知$f'(\zeta)$ 存在，且有：$f'(\zeta)=f'_{+}(\zeta)=\lim\limits_{\Delta x \to 0^{+}} \dfrac{f(\zeta+\Delta x)-f(\zeta)}{\Delta x} \leqslant 0$。同时有：$f'(\zeta)=f'_{-}(\zeta)=\lim\limits_{\Delta x \to 0^{-}} \dfrac{f(\zeta+\Delta x)-f(\zeta)}{\Delta x} \geqslant 0$，故得：$f'(\zeta)=0$。

对于 $m \neq f(a)$，证法完全类似，留给读者完成。

注意：定理中三个条件缺一不可，否则将不可能保证结论成立。

例 1　设函数$f(x)=(x-1)(x-2)(x-3)(x-4)$，证明$f'(x)=0$ 有 3 个实根，并指出它们所在的区间。

证明：$f(x)$ 的连续性和可导性是明显的，且$f(1)=f(2)=f(3)=f(4)=0$，故在区间 $[1, 2]$、$[2, 3]$、$[3, 4]$、上均满足罗尔定理的条件，则在 $(1, 2)$ 内至少存在一点ζ_1，使得$f'(\zeta_1)=0$；在 $(2, 3)$ 内至少存在一点ζ_2，使得$f'(\zeta_2)=0$；在 $(3, 4)$ 内至少存在一点ζ_3，使得$f'(\zeta_3)=0$。

而$f'(x)=0$ 是一元三次方程，最多只有 3 个实根。所以$f'(x)=0$ 有 3 个实根，分别在开区间 $(1, 2)$、$(2, 3)$、$(3, 4)$ 内。

课堂互动

思考：不用求函数$f(x)=x(x+1)(x+2)$ 的导数，说明$f'(x)=0$ 有几个根。

二、拉格朗日定理

微课

定理 4.2　（拉格朗日定理）如果函数$f(x)$ 满足：

(1) 在闭区间 $[a, b]$ 上连续。

(2) 在开区间 (a, b) 内可导。

那么在开区间 (a, b) 内至少存在一点$\zeta(a<\zeta<b)$，

使得
$$f'(\zeta)=\frac{f(b)-f(a)}{b-a} \text{成立。}$$

拉格朗日定理几何意义：若在连续曲线 $y=f(x)$ 的弧$\overset{\frown}{AB}$上，除端点外具有处处不垂直于 x 轴的切线。则在弧$\overset{\frown}{AB}$上至少存在一点 C，使曲线在该点的切线平行于弦 AB（图 4-2）。

证明：引入辅助函数

$$F(x)=f(x)-f(a)-\frac{f(b)-f(a)}{b-a}(x-a)$$

则 $F'(x)=f'(x)-\dfrac{f(b)-f(a)}{b-a}$，

且 $F(a)=F(b)=0$，所以函数 $F(x)$ 在闭区间 $[a, b]$ 上满足罗尔定理，则在开区间 (a, b) 内至少存在一点 $\zeta(a<\zeta<b)$，使得 $F'(\zeta)=f'(\zeta)-\dfrac{f(b)-f(a)}{b-a}=0$，即

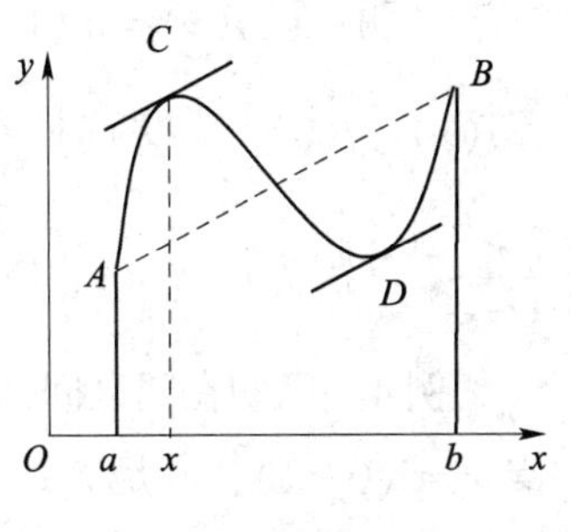

图 4-2

$$f'(\zeta)=\frac{f(b)-f(a)}{b-a}$$

或 $f(b)-f(a)=f'(\zeta)(b-a)$，$(a<\zeta<b)$（拉格朗日中值公式）

拉格朗日中值公式也常写成如下形式：

$f(b)-f(a)=f'[a+\theta(b-a)](b-a)$，$\theta\in(0,1)$

$f(x+\Delta x)=f(x)+f'(x+\theta\Delta x)\cdot\Delta x$，$\theta\in(0,1)$

思考：罗尔定理和拉格朗日定理的区别和联系。

定理 4.3 若函数 $f(x)$ 在开区间 (a,b) 内可导，则 $f(x)$ 在开区间 (a,b) 内恒为常数的充分必要条件是 $f'(x)=0$，$x\in(a,b)$。

证明：必要性很明显，下面证明充分性：

任取两点 x_1，$x_2\in(a,b)$，不妨设 $x_1<x_2$，$f(x)$ 在闭区间 $[x_1,x_2]$ 满足拉格朗日中值定理，有 $f(x_2)-f(x_1)=f'(\zeta)(x_2-x_1)$，$(x_1<\zeta<x_2)$。

因为 $f'(\zeta)=0$，所以 $f(x_2)=f(x_1)$，根据 x_1，x_2 的任意性，可得 $f(x)$ 在开区间 (a,b) 内恒为常数。

课堂互动

思考：设 $0<a<b$，试证明：$\frac{b-a}{b}<\ln\frac{b}{a}<\frac{b-a}{a}$。

例 2 证明恒等式 $\arcsin x+\arccos x=\frac{\pi}{2}$，$x\in[-1,1]$。

证明：令 $f(x)=\arcsin x+\arccos x$，则 $f(x)$ 在闭区间 $[-1,1]$ 上连续，在开区间 $(-1,1)$ 内可导。又因为 $f'(x)=(\arcsin x+\arccos x)'=\frac{1}{\sqrt{1-x^2}}-\frac{1}{\sqrt{1-x^2}}=0$，$x\in(-1,1)$ 可得 $f(x)=C$（C 为常数），$x\in(-1,1)$，且 $f(0)=\arcsin 0+\arccos 0=\frac{\pi}{2}$，所以当 $x\in(-1,1)$ 时，$f(x)=\arcsin x+\arccos x=\frac{\pi}{2}$。考虑两个端点 $x=-1$ 与 $x=1$，有

$f(-1)=\arcsin(-1)+\arccos(-1)=-\frac{\pi}{2}+\pi=\frac{\pi}{2}$，$f(1)=\arcsin 1+\arccos 1=\frac{\pi}{2}+0=\frac{\pi}{2}$

所以当 $x\in[-1,1]$ 时，恒有 $f(x)=\arcsin x+\arccos x=\frac{\pi}{2}$。

例 3 证明：当 $x\in(0,\infty)$ 时，$\frac{x}{1+x}<\ln(1+x)<x$。

证明：设 $f(x)=\ln(1+x)$，显然 $f(x)$ 在区间 $[0,x]$ 上满足拉格朗日中值定理的条件。于是 $f(x)-f(0)=f'(\zeta)(x-0)$，$(0<\zeta<x)$，由于 $f(0)=0$，$f'(x)=\frac{1}{1+x}$，所以有：$\ln(1+x)=\frac{x}{1+\zeta}$，又因为 $0<\zeta<x$，所以 $\frac{x}{1+x}<\frac{x}{1+\zeta}<x$，即 $\frac{x}{1+x}<\ln(1+x)<x$。

例 4 已知在闭区间 $[0,1]$ 上，$0<f(x)<1$，$f(x)$ 可微且 $f'(x)\neq1$，求证：存在唯一的一点 $x_0\in(0,1)$，满足 $f(x_0)=x_0$。

证明：先证存在性。

构造辅助函数 $F(x)=f(x)-x$，由已知可得 $F(x)$ 在 $[0,1]$ 上连续，且 $F(0)=f(0)-0>0$，$F(1)=f(1)-1<0$，根据连续函数的零点定理可知，至少存在一点 $x_0\in(0,1)$，满足 $F(x_0)=f(x_0)-x_0=0$。即存在一点 $x_0\in(0,1)$，满足 $f(x_0)=x_0$。再证唯一性。利用反证法，假设存在两点 x_0，$x_1\in(0,1)$，且 $x_0<x_1$ 满足 $f(x_0)=x_0$，$f(x_1)=x_1$，在区间 $[x_0,x_1]$ 上使用拉格朗日中值定理，得至少存在一点 $\zeta\in(x_0,x_1)$，使得 $f'(\zeta)=\dfrac{f(x_1)-f(x_0)}{x_1-x_0}=\dfrac{x_1-x_0}{x_1-x_0}=1$ 成立，这与已知 $f'(x)\neq1$ 矛盾。所以存在唯一的一点 $x_0\in(0,1)$，满足 $f(x_0)=x_0$。

三、柯西中值定理

定理 4.4　（柯西中值定理）如果函数 $f(x)$ 和 $g(x)$ 满足：

（1）在闭区间 $[a,b]$ 上连续。

（2）在开区间 (a,b) 内可导，且对于任意的 $x\in(a,b)$，$g'(x)\neq0$，那么在开区间 (a,b) 内至少存在一点 $\zeta(a<\zeta<b)$，使得 $\dfrac{f'(\zeta)}{g'(\zeta)}=\dfrac{f(b)-f(a)}{g(b)-g(a)}$ 成立。

证明：先证 $g(b)-g(a)\neq0$，利用反证法，假设 $g(b)-g(a)=0$，即，$g(b)=g(a)$。根据罗尔定理，函数 $g(x)$ 至少存在一点 $\zeta\in(a,b)$，使得 $g'(\zeta)=0$ 成立，与已知矛盾。构造辅助函数 $F(x)=f(x)-f(a)=\dfrac{f(b)-f(a)}{g(b)-g(a)}[g(x)-g(a)]$。易证函数 $F(x)$ 闭区间 $[a,b]$ 上满足罗尔定理条件，且 $F(a)=F(b)=0$，在闭区间 $[a,b]$ 上连续，在开区间 (a,b) 内可导，且有 $F'(x)=f'(x)=\dfrac{f(b)-f(a)}{g(b)-g(a)}\cdot g'(x)$，于是在开区间 (a,b) 内至少存在一点 $\zeta(a<\zeta<b)$，使得 $F'(\zeta)=0$ 即 $f'(\zeta)-\dfrac{f(b)-f(a)}{g(b)-g(a)}\cdot g'(\zeta)=0$。

故而 $\dfrac{f'(\zeta)}{g'(\zeta)}=\dfrac{f(b)-f(a)}{g(b)-g(a)}$。

不难看出，罗尔定理是拉格朗日中值定理的特例，拉格朗日中值定理又是柯西中值定理的特例。

柯西中值定理的几何意义：连续曲线弧 $\overset{\frown}{AB}$ 的参数方程为

$$\begin{cases}X=g(x)\\Y=f(x)\end{cases}\qquad a\leqslant x\leqslant y$$

则 $\dfrac{f(b)-f(a)}{g(b)-g(a)}$ 表示弦 AB 的斜率，而 $\left.\dfrac{\mathrm{d}Y}{\mathrm{d}X}\right|_{x=\zeta}=\dfrac{f'(\zeta)}{g'(\zeta)}$ 表示曲线上 $x=\zeta$ 处切线的斜率。

所以柯西中值定理的几何意义是：连续曲线弧 $\overset{\frown}{AB}$ 上除端点外处处具有不垂直于 x 轴的切线，则在 $\overset{\frown}{AB}$ 上至少存在一点 C，使曲线在该点的切线平行于弦 AB。

例 5　设函数 $f(x)$ 满足：

（1）在闭区间 $[a,b]$ 上连续。

（2）在开区间 (a,b) 内可导，且 $0<a<b$。

求证：至少存在一点 $\zeta(a<\zeta<b)$，使得 $f(b)-f(a)=\zeta f'(\zeta)\ln\dfrac{b}{a}$ 成立。

证明：令 $g(x)=\ln x$，则函数 $f(x)$ 和 $g(x)$ 在闭区间 $[a,b]$ 上满足柯西中值定理的条件，

于是至少存在一点 $\zeta(a<\zeta<b)$，使得 $\frac{f'(\zeta)}{g'(\zeta)}=\frac{f(b)-f(a)}{g(b)-g(a)}$，即，$\frac{f(b)-f(a)}{\ln b-\ln a}=\frac{f'(\zeta)}{\frac{1}{\zeta}}$，所以有 $f(b)-f(a)=\zeta f'(\zeta)\ln\frac{b}{a}$。

习题 4-1

1. 验证下列函数在指定的区间内是否满足罗尔定理。

(1) $f(x)=x \quad x\in[0,1]$　　(2) $f(x)=|x| \quad x\in[-1,1]$

(3) $f(x)=\frac{1+x^2}{x} \quad x\in[-1,1]$　　(4) $f(x)=x^2+3x-10 \quad x\in[-5,2]$

2. 验证函数 $y=2x^3-4x^2+3x-1$ 在区间 $[0,1]$ 上是否满足拉格朗日中值定理。

3. 求证：$|\arctan a-\arctan b|\leqslant|a-b|$，其中 $a, b\in R$。

4. 求证：$e^x>ex$，其中 $x\in(1,+\infty)$。

5. 证明方程 $x^5+x-1=0$ 只有一个正根。

6. 设 $a>b>0$，$n>1$，求证：$nb^{n-1}(a-b)<a^n-b^n<na^{n-1}(a-b)$

7. 设函数 $f(x)$ 在 $x=0$ 的某邻域内具有 n 阶导数，且 $f(0)=f'(0)=\cdots=f^{(n-1)}(0)=0$，试证明：$\frac{f(x)}{x^n}=\frac{f^{(n)}(\theta x)}{n!}(0<\theta<1)$。

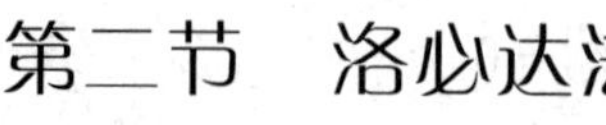

第二节 洛必达法则

PPT

微课

当 $x\to a$（或 $x\to\infty$）时，两个函数 $f(x)$ 与 $g(x)$ 都趋于零或都趋于无穷大，那么 $\lim\limits_{\substack{x\to a\\(x\to\infty)}}\frac{f(x)}{g(x)}$ 可能存在、也可能不存在。通常把这种极限叫做未定式，并分别简记为 $\frac{0}{0}$ 或 $\frac{\infty}{\infty}$ 型未定式。如 $\lim\limits_{x\to 0}\frac{\sin x}{x}$ 就是 $\frac{0}{0}$ 型。这类极限不能用“商的极限等于极限的商”这一法则，下面我们引进洛必达法则（*L'Hospital*）来求这类极限。

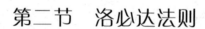

我们着重讨论 $x\to a$ 时的未定式 $\frac{0}{0}$ 的情形。

定理 4.5 （洛必达法则）设

(1) 当 $x\to a$ 时，函数 $f(x)$ 与 $g(x)$ 都趋于零。

(2) 在点 a 的某去心邻域内，$f'(x)$ 与 $g'(x)$ 都存在且 $g'(x)\neq 0$。

(3) $\lim\limits_{x\to a}\frac{f'(x)}{g'(x)}$ 存在（或为无穷大）。

那么
$$\lim_{x\to a}\frac{f(x)}{g(x)}=\lim_{x\to a}\frac{f'(x)}{g'(x)}$$

证明：因为 $\lim\limits_{x\to a}\frac{f(x)}{g(x)}$ 与 $f(a)$ 及 $g(a)$ 无关，所以可以假定 $f(a)=g(a)=0$，由条件 (1)，(2)

可得$f(x)$与$g(x)$在点a的某一邻域内是连续的。设x是这一邻域内的一点，那么以x及a为端点的区间上，柯西中值定理的条件均满足，因此有$\frac{f(x)}{g(x)}=\frac{f(x)-f(a)}{g(x)-g(a)}=\frac{f'(\zeta)}{g'(\zeta)}$，$\zeta$介于$x$与$a$之间。

令$x\to a$，并对上式求极限，注意到$x\to a$时，$\zeta\to a$，再根据条件（3）可得到结论成立。

如果$\lim\limits_{x\to a}\frac{f'(x)}{g'(x)}$仍属于$\frac{0}{0}$型，且这时$f'(x)$与$g'(x)$能满足$f(x)$与$g(x)$所需要的条件，那么可以继续用洛必达法则先确定$\lim\limits_{x\to a}\frac{f'(x)}{g'(x)}$，从而确定$\lim\limits_{x\to a}\frac{f(x)}{g(x)}$，即$\lim\limits_{x\to a}\frac{f(x)}{g(x)}=\lim\limits_{x\to a}\frac{f'(x)}{g'(x)}=\lim\limits_{x\to a}\frac{f''(x)}{g''(x)}$，且可以以此类推。

注：用洛必达法则求极限的定理对于$x\to\infty$时的未定式$\frac{0}{0}$或$x\to a$，$x\to\infty$时的未定式$\frac{\infty}{\infty}$仍然成立。(证明略)

例1　求$\lim\limits_{x\to0}\frac{\sin ax}{\sin bx}$，$(b\neq0)$

解：$\lim\limits_{x\to0}\frac{\sin ax}{\sin bx}=\lim\limits_{x\to0}\frac{a\cos ax}{b\cos bx}=\frac{a}{b}$

例2　求$\lim\limits_{x\to1}\frac{x^3-3x+2}{x^3-x^2-x+1}$

解：$\lim\limits_{x\to1}\frac{x^3-3x+2}{x^3-x^2-x+1}=\lim\limits_{x\to1}\frac{3x^2-3}{3x^2-2x-1}=\lim\limits_{x\to1}\frac{6x}{6x-2}=\frac{3}{2}$

例3　求极限$\lim\limits_{x\to\infty}\frac{\ln x}{x^n}$，$(n>0)$

解：$\lim\limits_{x\to\infty}\frac{\ln x}{x^n}=\lim\limits_{x\to\infty}\frac{\frac{1}{x}}{nx^{n-1}}=\lim\limits_{x\to\infty}\frac{1}{nx^n}=0$

例4　求极限$\lim\limits_{x\to\infty}\frac{x^n}{e^{\lambda x}}$，$(n\in N,\ \lambda>0)$

解：$\lim\limits_{x\to\infty}\frac{x^n}{e^{\lambda x}}=\lim\limits_{x\to\infty}\frac{nx^{n-1}}{\lambda e^{\lambda x}}=\lim\limits_{x\to\infty}\frac{n(n-1)x^{n-2}}{\lambda^2e^{\lambda x}}=\cdots=\lim\limits_{x\to\infty}\frac{n!}{\lambda^ne^{\lambda x}}=0$

例5　求极限$\lim\limits_{x\to0^+}x\ln x$，$(0\cdot\infty$型)

解：$\lim\limits_{x\to0^+}x\ln x=\lim\limits_{x\to0^+}\frac{\ln x}{\frac{1}{x}}=\lim\limits_{x\to0^+}\frac{\frac{1}{x}}{-\frac{1}{x^2}}=\lim\limits_{x\to0^+}(-x)=0$

例6　求极限$\lim\limits_{x\to0^+}x^x$，(0^0型)

解：设$y=x^x$，两边取自然对数得：$\ln y=x\ln x$根据例3-10可得$\lim\limits_{x\to0^+}\ln y=\lim\limits_{x\to0^+}x\ln x=0$。

因为$y=e^{\ln y}$，从而$\lim y=\lim e^{\ln y}=e^{\lim\ln y}$，所以$\lim\limits_{x\to0^+}x^x=e^0=1$。

注：未定式$0\cdot\infty$，$\infty-\infty$，∞^0，0^0，1^∞等都可以化为$\frac{0}{0}$或$\frac{\infty}{\infty}$型未定式来计算。

例7　求极限$\lim\limits_{x\to\infty}\frac{x+\sin x}{x}$

这虽然是$\frac{\infty}{\infty}$型不等式，但$\lim\limits_{x\to\infty}\frac{1+\cos x}{1}$不存在，所以不能用洛必达法则计算。实际上

$$\lim_{x\to\infty}\frac{x+\sin x}{x}=\lim_{x\to\infty}\frac{1+\frac{\sin x}{x}}{1}=1$$

课堂互动

思考：$\lim\limits_{x\to\infty}\frac{x-\sin x}{x+\sin x}$极限是否存在，可否用洛必达法则求解。

习题4-2

1. 求下列极限

(1) $\lim\limits_{x\to 0}\frac{\sin 4x}{\sin 3x}$　　(2) $\lim\limits_{x\to 0}\frac{x-\ln(1+x)}{x^2}$

(3) $\lim\limits_{x\to 0^+}\frac{\ln\sin x}{\ln x}$　　(4) $\lim\limits_{x\to\frac{\pi}{2}}\frac{\tan x}{\tan 3x}$

(5) $\lim\limits_{x\to 1}\left(\frac{x}{x-1}-\frac{1}{\ln x}\right)$　　(6) $\lim\limits_{x\to\infty}\left(1+\frac{a}{x}\right)^x$，$(a\in R)$

(7) $\lim\limits_{x\to 0^+}x^{\sin x}$　　(8) $\lim\limits_{x\to 0}2x\cot 2x$

(9) $\lim\limits_{x\to\infty}\frac{x+\cos x}{x}$　　(10) $\lim\limits_{x\to 0^+}\left(\frac{1}{x}\right)^{\tan x}$

2. 设函数$f(x)$具有二阶导数，求证：$\lim\limits_{t\to 0}\frac{f(x+2t)-2f(x+t)+f(x)}{t^2}=f''(x)$

第三节　函数的单调性与极值

PPT

一、函数单调性的判定法

如果函数$y=f(x)$在$[a,b]$上单调增加（单调减少），那么它的图形是一条沿x轴正向上升（下降）的曲线，这时，如图4-3所示，曲线的切线斜率是非负的（非正的）。由此可见函数的单调性与导数的符号密切相关。那么能否用导数的符号来判定函数的单调性呢？

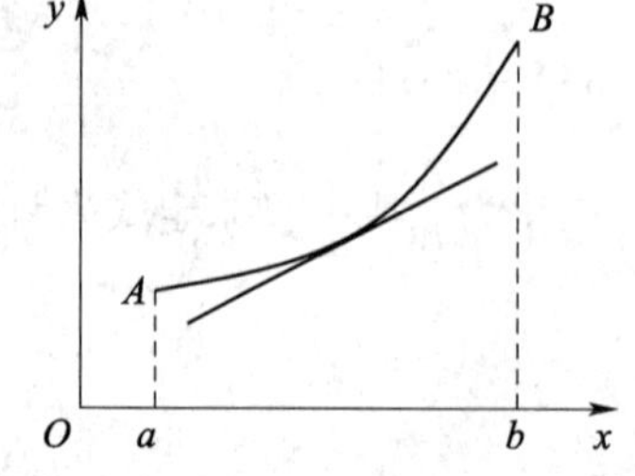

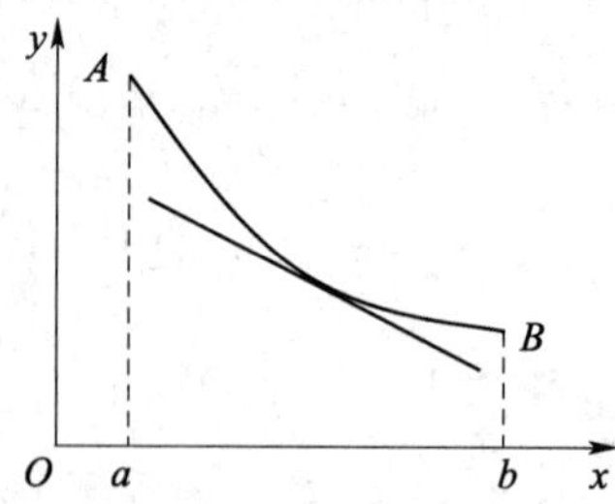

图4-3

定理 4.6　（函数单调性判别定理）函数 $y=f(x)$ 在闭区间 $[a, b]$ 上连续，在开区间 (a, b) 上可导。

（1）如果在开区间 (a, b) 内恒有 $f'(x)>0$，那么函数 $y=f(x)$ 在闭区间 $[a, b]$ 上单调增加。

（2）如果在开区间 (a, b) 内恒有 $f'(x)<0$，那么函数 $y=f(x)$ 在闭区间 $[a, b]$ 上单调减少。

证：（1）任取两点 $x_1, x_2 \in [a, b]$，不妨设 $x_1<x_2$，根据拉格朗日中值定理可得

$$f(x_2)-f(x_1)=f'(\zeta)(x_2-x_1),\ (x_1<\zeta<x_2)$$

因为在开区间 (a, b) 内恒有 $f'(x)>0$，所以 $f'(\zeta)>0$，且 $x_2-x_1>0$。所以 $f(x_2)-f(x_1)=f'(\zeta)(x_2-x_1)>0$，得：$f(x_1)<f(x_2)$。所以函数 $y=f(x)$ 在闭区间 $[a, b]$ 上单调增加。

（2）同理可证。

注：将定理中的闭区间换成其他各种区间（包括无穷区间），定理仍然成立。

例 1　讨论函数 $y=e^x-x+1$ 的单调性。

解：$y'=e^x-1$ 函数 $y=e^x-x+1$ 的定义域是 $(-\infty, +\infty)$，在 $(-\infty, 0)$ 上 $y'<0$，函数单调减少；在 $(0, +\infty)$ 上 $y'>0$，函数单调增加。

例 2　讨论函数 $y=x^3-3x^2-9x+1$ 的单调性。

解：$y'=3x^2-6x-9=3(x+1)(x-3)$

导数为零的点有两个 $x_1=-1$，$x_2=3$，易得下表：

表 4-1

定义域 \ 函数	$(-\infty, -1]$	$[-1, 3]$	$[3, +\infty)$
y'	+	−	+
y	↗	↘	↗

故有函数 $y=x^3-3x^2-9x+1$ 在 $[-1, 3]$ 上单调减少；在 $(-\infty, -1]$，$[3, +\infty)$ 上单调增加。

课堂互动

思考：试证明当 $x>0$ 时，$1+\frac{1}{2}x>\sqrt{1+x}$。

例 3　求证：当 $x\in(0, +\infty)$ 时，$\ln(1+x)>x-\frac{1}{2}x^2$。

证明：令 $f(x)=\ln(1+x)-x-\frac{1}{2}x^2$，显然 $f(0)=0$ 由 $f'(x)=\frac{1}{1+x}-1-x=\frac{x^2}{1+x}>0$，$x\in(0, +\infty)$ 可得：当 $x\in(0, +\infty)$ 时，$f(x)$ 单调增加，所以 $f(x)>0$，即 $\ln(1+x)>x-\frac{1}{2}x^2$。

二、函数的极值及其求法

1. 函数的极值定义　设函数 $f(x)$ 在点 x_0 的某邻域内有定义，如果对该邻域内任意的 $x(x\neq x_0)$ 均有 $f(x)<f(x_0)$，则称 $f(x)$ 在点 x_0 取得极大值 $f(x_0)$，点 x_0 称为 $f(x)$ 的极大值点。

如果对该邻域内任意的 $x(x\neq x_0)$ 均有 $f(x)>f(x_0)$，则称 $f(x)$ 在点 x_0 取得极小值 $f(x_0)$，点 x_0 称为 $f(x)$ 的极小值点。

函数的极大值与极小值统称为函数的极值，函数的极大值点与极小值点统称为极值点。

函数的极值概念是局部性的。如果$f(x_0)$是函数$f(x)$的一个极大值，那么就x_0附近的一个局部范围来说，$f(x_0)$是函数$f(x)$的一个最大值，如果就$f(x)$得整个定义域来说，$f(x_0)$不见得就是最大值。关于极小值也类似。

定理4.7 （必要条件）设函数$f(x)$在点x_0可导，且在点x_0取得极值，那么$f'(x_0)=0$。

我们把导数等于零的点称为函数的驻点。

证明：假定$f(x_0)$是极大值。根据定义在点x_0的某去心邻域内，对于任何点x都有$f(x)<f(x_0)$成立。于是当$x<x_0$时，$\dfrac{f(x)-f(x_0)}{x-x_0}>0$。

因此$f'(x_0)=\lim\limits_{x\to x_0^-}\dfrac{f(x)-f(x_0)}{x-x_0}\geqslant 0$；当$x>x_0$时，$\dfrac{f(x)-f(x_0)}{x-x_0}<0$，因此$f'(x_0)=\lim\limits_{x\to x_0^+}\dfrac{f(x)-f(x_0)}{x-x_0}\leqslant 0$；所以$f'(x_0)=0$。

注：由定理4.7可知，可导函数$f(x)$的极值点一定是驻点，但反过来，驻点不一定就是极值点，而且极值点也可能是导数不存在的点。

如何判定函数在驻点或不可导的点是否取得极值？如果是的话，怎样判定它是极大值还是极小值？下面给出判定极值的两个充分条件。

定理4.8 （第一充分条件）设函数$f(x)$在点x_0的邻域内可导，且$f'(x_0)=0$［或$f(x)$在点x_0的邻域内可导但$f'(x_0)$不存在］，当x在x_0的邻近渐增地经过x_0时：

（1）若$f'(x)$的符号由正变负，则$f(x)$在点x_0处取得极大值。

（2）若$f'(x)$的符号由负变正，则$f(x)$在点x_0处取得极小值。

（3）若$f'(x)$的符号不改变，则$f(x)$在点x_0处没有极值。

2. 函数极值的求法 根据以上定理，求极值的具体步骤如下：

（1）求出导数$f'(x)$。

（2）求出$f(x)$的全部驻点与不可导点。

（3）考察每个驻点或不可导点的左、右邻近$f'(x)$的符号，判断确定是否为极值点，进一步确定是极大值点还是极小值点。

（4）求出各极值点的函数值。

例4 求函数$y=\dfrac{x^4}{4}-x^3$的单调性和极值。

解：函数的定义域为$(-\infty,+\infty)$，$y'=x^3-3x^2=x^2(x-3)$令$y'=0$，得驻点$x_1=0$，$x_2=3$。

由表4-2可知，单调增区间是$(3,+\infty)$，单调减区间是$(-\infty,3)$。当$x=3$时函数取得极小值$y=-\dfrac{27}{4}$。

表4-2

函数 \ 定义域	$(-\infty,0)$	0	$(0,3)$	3	$(3,+\infty)$
y'	$-$	0	$-$	0	$+$
y	↘	不是极值点	↘	极小值	↗

例 5　求函数$f(x)=x^{\frac{2}{3}}(x-5)$的极值。

解：函数$f(x)$的定义域为$(-\infty,+\infty)$，$f'(x)=\frac{5}{3}x^{\frac{2}{3}}-\frac{10}{3}x^{-\frac{1}{3}}=\frac{5}{3}x^{-\frac{1}{3}}(x-2)$，令$f'(x)=0$，得驻点$x=2$，$x=0$为不可导点。

由表 4-3 得，$x=0$是极大值点，极大值$f(0)=0$，$x=2$是极小值点，极小值$f(2)=-3\sqrt[3]{4}$。

表 4-3

函数＼定义域	$(-\infty,0)$	0	$(0,2)$	2	$(2,+\infty)$
$f'(x)$	+	不存在	−	0	+
$f(x)$	↗	极大值	↘	极小值	↗

定理 6　（第二充分条件）设函数$f(x)$在x_0处具有二阶导数，且$f'(x_0)=0$，$f''(x_0)\neq 0$，则

（1）当$f''(x_0)<0$时，$f(x)$在点x_0处取得极大值。

（2）若$f''(x_0)>0$时，$f(x)$在点x_0处取得极小值。

（3）若$f''(x_0)=0$时，无法判断。

例 6　求函数$f(x)=x^3+6x^2+9x$的极值。

解法一：函数$f(x)$的定义域为$(-\infty,+\infty)$，$f'(x)=3x^2+12x+9=3(x+1)(x+3)$，令$f'(x)=0$，得驻点$x_1=-1$，$x_2=-3$。

由表 4-4 得，$x=-3$是极大值点，极大值$f(-3)=0$，$x=-1$是极小值点，极小值$f(-1)=-4$。

表 4-4

x	$(-\infty,-3)$	-3	$(-3,-1)$	-1	$(-1,+\infty)$
$f'(x)$	+	0	−	0	+
$f(x)$	↗	极大值	↘	极小值	↗

解法二：函数$f(x)$的定义域为$(-\infty,+\infty)$，$f'(x)=3x^2+12x+9$，$f''(x)=6x+12$令$f'(x)=0$，得驻点$x_1=-1$，$x_2=-3$且$f''(-3)=-6<0$，所以$f(-3)=0$为极大值；$f''(-1)=6>0$，所以$f(-1)=-4$为极小值。

例 7　求函数$f(x)=(x^2-1)^3-1$的极值。

解：函数$f(x)$的定义域为$(-\infty,+\infty)$，$f'(x)=6x(x^2-1)^2$，$f''(x)=6(x^2-1)(5x^2-1)$令$f'(x)=0$，得驻点$x_1=-1$，$x_2=0$，$x_3=1$。因为$f''(0)=6>0$，所以$f(0)=-2$为极小值。因为$f''(-1)=f''(1)=0$，法则无法判断。又因为在-1左右邻域内都有$f'(x)<0$，所以$f(x)$在-1处没有极值，同理$f(x)$在 1 处也没有极值。

习题 4-3

1. 求下列函数的单调区间

（1）$f(x)=2x^3-9x^2+12x+1$　　（2）$f(x)=x-\ln(x+1)$

（3）$f(x)=(x^2-2)e^x$　　（4）$f(x)=\frac{x^{\frac{1}{2}}}{x+1}$

2. 求下列函数的极值

(1) $f(x)=2x^3-3x^2$　　(2) $f(x)=(x-1)(x+1)^3$

(3) $f(x)=2e^x+e^{-x}$　　(4) $f(x)=\dfrac{\ln x}{x}$

(5) $f(x)=\sqrt{2x-x^2}$　　(6) $f(x)=2-(x-1)^{\frac{2}{3}}$

第四节　函数的最大值与最小值

PPT

微课

在实际问题中，经常遇到在某个闭区间内，投资利润最大、成本最低等问题，这类问题归结起来就是最大值和最小值的问题。

一、函数在闭区间上的最值

1. 最值的定义　在 $[a, b]$ 上存在一点 x_0，若对任何 $x\in[a, b]$，都有 $f(x)\leqslant f(x_0)$ [或 $f(x)\geqslant f(x_0)$]，则称 $f(x_0)$ 为函数在区间上 $[a, b]$ 的最大值（或最小值）。

2. 求最值的步骤　求在闭区间 $[a, b]$ 上连续函数 $f(x)$ 的最大值和最小值一般步骤：

(1) 求出函数 $f'(x)$，并求出函数的驻点及导数的不可导点和端点的函数值。

(2) 进行比较，最大值就是最大值，最小值就是最小值。

例 1　求函数 $f(x)=2x^3-6x^2+18x-9$ 在 $[-2, 6]$ 上的最大值和最小值。

解：$f(x)$ 在 $[-2, 6]$ 上连续，故存在最大值和最小值。

令 $f(x)'=6x^2-12x-18=6(x-3)(x+1)=0$，得 $x_1=-1$，$x_2=3$，因为 $f(-1)=-35$，$f(-2)=-85$，$f(3)=45$，$f(6)=315$。所以 $f(x)$ 在 $x=-2$ 取得最小值 -85，$f(x)$ 在 $x=6$ 取得最大值 315。

注：若函数在闭区间 $[a, b]$ 内可导且只有一个驻点，当 $f(x_0)$ 是极大值（极小值），它也是 $f(x)$ 在该区间的最大值（最小值）。

二、应用问题举例

对于实际问题而言，要先建立目标函数，并确定其义区间，再将其转化成最值问题。如果所考虑实际问题存在最大值（最小值），并且建立目标函数有唯一驻点，则该驻点即为最大值（最小值）。

例 2　把一根直径为 $d=7$ 的圆木锯成截面为矩形的梁，问矩阵截面的高 h 和宽 b 该如何选择才能使梁的抗弯截面模量 $W\left(W=\dfrac{1}{6}bh^2\right)$最大。

解：由 $h^2=d^2-b^2$，即可知 $h^2=49-b^2$ 从而 $W=\dfrac{1}{6}b(49-b^2)$，对 b 求导得到 $W'=\dfrac{1}{6}(49-3b^2)$，令 $W'=0$ 得驻点 $b=\dfrac{7\sqrt{3}}{3}$，即得 $h=\sqrt{49-b^2}=\dfrac{7\sqrt{6}}{3}$。此时的 b，h 能使梁的抗弯截面模量 W 的值最大。

例 3　设某工程一年内均匀地需要某种零件 20000 个，规定不允许缺货，已知每个零件每月所需要的存储费为 0.2 元，购买一批零件的运输费为 400 元，问：每批购买多少个零件时，工厂所负担的费用最少？这笔费用多少？

解：设每批购买 x 个零件。考虑：要想使费用最低，且不缺货，即在每批零件用完的时候，立即购买下一批，于是平均储备量 $\frac{x+0}{2}=\frac{x}{2}$ 个，那么一年的总费用就是 $F(x)=\frac{20000}{x}\times 400+\frac{x}{2}\times 12\times 0.2$，整理得 $F(x)=\frac{8000000}{x}+1.2x$，$x\in(0,\ 20000]$。

此时问题转化为求 x 何值时，函数 $F(x)$ 在定义区间有最小值？最小值具体是多少？

$F'(x)=-\frac{8000000}{x^2}+1.2$，令 $F'(x)=0$，得区间唯一驻点 $x\approx 2582$，同时也是最小值点。

所以当每批购买零件 $x=2582$ 时，工厂所负担的费用最低，$F(2582)=6197$（元）。

课堂互动

思考：某村庄要建面积 256m^2 的矩形堆料场，有一面可以靠墙，其他三面新建，长宽各位多少米时，砌墙涂料最省。

1. 计算函数在指定区间的最值

（1）$f(x)=x^3-9x^2+15x+1$ 在区间 $[-3,\ 3]$ 上。

（2）$f(x)=x^4-8x^2+2$ 在区间 $[-1,\ 3]$ 上。

（3）$f(x)=2x^3-3x^2$ 在区间 $[-1,\ 4]$ 上。

2. 某厂每批生产 A 商品 x 台费用为 $C(x)=5x+200$（万元），得到的收入为 $R(x)=10x-0.01x^2$（万元）。每批生产多少台，才能利润最大？

第五节　曲线的凹凸性与拐点

PPT

通过对之前单调性、极值、最值的学习，我们能够知道函数变化的大致情况，但是对比两条都是单调增加的曲线则无法比较，如下图，两个图像都是单调增加，但图像的弯曲程度明显不同，我们把图 4－4 中的曲线称为下凸，图 4－5 中的曲线称为上凸。

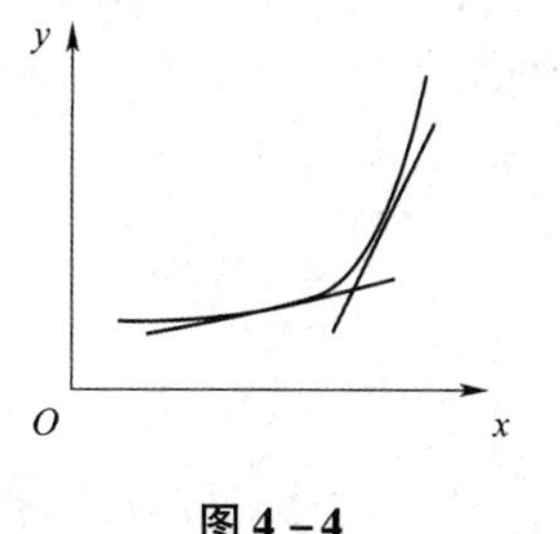

图 4－4

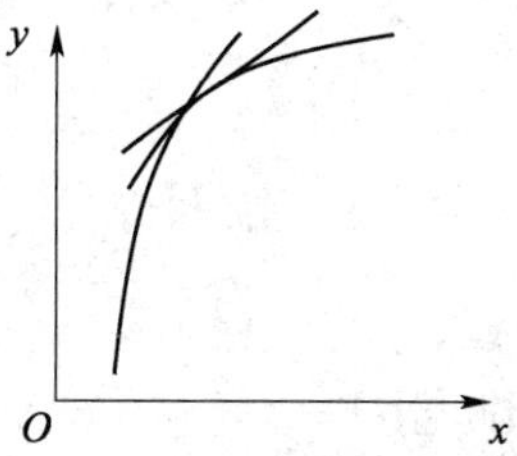

图 4－5

定义 4.1　设函数 $f(x)$ 在 $(a,\ b)$ 内可导，若曲线 $y=f(x)$ 上每点都处于切线的上方，则称曲线在 $(a,\ b)$ 内下凸的（凹）。若曲线 $y=f(x)$ 上每点都处于切线的下方，则称曲线在 $(a,\ b)$

内上凸的。

从上图能够看出，下凸的曲线斜率 $k=\tan\alpha=f'(x)$ 随着 x 的增大而增大，即 $f'(x)$ 是单调增函数，上凸的函数斜率 $f'(x)$ 随着 x 的增大而减小，即 $f'(x)$ 为单调减函数。由之前知识，判断 $f'(x)$ 单调性，可以由 $f''(x)$ 来判定，故有如下定理。

定理 4.10 设函数 $y=f(x)$ 在 (a, b) 内二阶可导，则

(1) 若在 (a, b) 内 $f''(x)>0$，则曲线 $y=f(x)$ 在 $[a, b]$ 上是凹的。

(2) 若在 (a, b) 内 $f''(x)<0$，则曲线 $y=f(x)$ 在 $[a, b]$ 上是凸的。

例 1 讨论函数 $f(x)=e^{-x^2}$ 的凹凸性。

解：函数定义域为 $(-\infty, +\infty)$，$f'(x)=-2xe^{-x^2}$，$f''(x)=2(2x^2-1)e^{-x^2}$，

分类讨论：

(1) 当 $2x^2-1>0$ 时，即 $x>\frac{1}{\sqrt{2}}$ 或 $x<-\frac{1}{\sqrt{2}}$ 时，$f''(x)>0$；

(2) 当 $2x^2-1<0$ 时，即 $-\frac{1}{\sqrt{2}}<x<\frac{1}{\sqrt{2}}$ 时，$f''(x)<0$。

所以在 $\left(-\infty, -\frac{1}{\sqrt{2}}\right)$ 与 $\left(\frac{1}{\sqrt{2}}, +\infty\right)$ 内曲线下凸，在区间 $\left(-\frac{1}{\sqrt{2}}, \frac{1}{\sqrt{2}}\right)$ 内曲线上凸。

例 2 求曲线 $f(x)=x^4-2x^3+1$ 的凹凸区间。

解：函数定义域为 $(-\infty, +\infty)$，$f'(x)=4x^3-6x^2$，$f''(x)=12x^2-12x=12x(x-1)$，令 $f''(x)=0$ 得到 $x=0$，$x=1$ 列表讨论，函数凹凸性质如表 4-5：

表 4-5 函数凹凸性表

x	$(-\infty, 0)$	0	$(0, 1)$	1	$(1, +\infty)$
$f''(x)$	+	0	-	0	+
曲线 $y=f(x)$	∪	函数值为 1	∩	函数值为 0	∪

上题中，点 $(0, 1)$ 是曲线由凹变凸的分界点，点 $(1, 0)$ 是曲线由凸变凹的分界点。我们把这样的点称为曲线的拐点。

定义 4.2 连续曲线 $y=f(x)$ 上凸与下凸的分界点称为该曲线的拐点。

通过定义可知，拐点是曲线的凹凸分界点，所以拐点左右 $f''(x)$ 必定异号，在拐点处 $f''(x)=0$ 或 $f''(x)$ 不存在。

定理 4.11 设 $f(x)$ 在 x_0 某邻域内二阶可导，$f''(x_0)=0$。若 $f''(x)$ 在 x_0 的左、右两侧分别有确定的符号，并且符号相反，则 $[x_0, f(x_0)]$ 是曲线的拐点，若符号相同，则 $[x_0, f(x_0)]$ 不是拐点。

课堂互动

思考：还有什么方法求拐点？

定理 4.12 设 $f(x)$ 在 x_0 三阶可导，且 $f''(x_0)=0$，$f'''(x_0)\neq 0$，则 $[x_0, f(x_0)]$ 是曲线 $y=f(x)$ 的拐点。

例 3 求曲线 $f(x)=x^{\frac{1}{3}}$ 的拐点。

解：$f(x)=x^{\frac{1}{3}}$在（$-\infty$，$+\infty$）内连续，当$x\neq0$时，$f(x)=\frac{1}{3}x^{-\frac{2}{3}}$，$f''(x)=-\frac{2}{9}x^{-\frac{5}{3}}$，当$x=0$时，$f(x)=0$，$f'(x)$，$f''(x)$不存在，由于在（$-\infty$，0）内$f''(x)>0$内，在（0，$+\infty$）内$f''(x)<0$，因此曲线$f(x)=x^{\frac{1}{3}}$在（$-\infty$，0）内下凸，在（0，$+\infty$）内上凸，按拐点定义可知点（0，0）是曲线的拐点。

例 4　求曲线$f(x)=(x-2)^{\frac{3}{2}}$的凹凸区间和拐点。

解：函数的定义域为（$-\infty$，$+\infty$），$f'(x)=\frac{3}{2}(x-2)^{\frac{1}{2}}$，$f''(x)=\frac{3}{4}(x-2)^{-\frac{1}{2}}$。

当$x=2$时，$f''(2)$不存在，$x=2$把定义分成两个区间（$-\infty$，2]，[2，$+\infty$），函数凹凸性如下表 4-6 所示：

表 4-6

x	（$-\infty$，2）	2	（2，$+\infty$）
$f''(x)$	-	不存在	+
曲线$y=f(x)$	上凸	拐点（2，0）	下凸

课堂互动

思考：当a和b为何值时，点（1，3）为曲线$y=ax^3+bx^2$的拐点？

习题 4-5

1. 判断下列函数的凹凸性

（1）$f(x)=3x-2x^2$

（2）$f(x)=x\arctan x$

（3）$f(x)=x^3$

（4）$f(x)=(x-1)\sqrt[3]{x^5}$

2. 求出函数的凹凸性及拐点

（1）$f(x)=(x-2)^{\frac{5}{3}}$

（2）$f(x)=x^3-5x^2+3x+5$

（3）$f(x)=\ln(x^2+1)$

第六节　函数图像的描绘

PPT

一、曲线的渐近线

通过函数关系，能够描绘出曲线走势，当曲线无限延伸时，如果能无限接近一条直线，这样的直线称为渐近线。

定义 4.3 如果曲线上的点沿曲线趋于无穷远时，此点与某一直线的距离趋于零，则称此直线是曲线的渐近线。

1. 水平渐近线

定义 4.4 若函数$\lim\limits_{x\to\infty}f(x)=C$，则称直线 $y=C$ 为曲线 $y=f(x)$ 的水平渐近线。

例 1 求曲线 $f(x)=\arctan x$ 的水平渐近线。

解：由 $\lim\limits_{x\to-\infty}\arctan x=-\dfrac{\pi}{2}$，$\lim\limits_{x\to+\infty}\arctan x=\dfrac{\pi}{2}$，则 $f(x)=\arctan x$ 的水平渐近线为 $y=-\dfrac{\pi}{2}$ 和 $y=\dfrac{\pi}{2}$。

2. 垂直渐近线

定义 4.5 若函数$\lim\limits_{x\to c}f(x)=\infty$，则称直线 $x=c$ 为曲线 $y=f(x)$ 的垂直渐近线。

例 2 求曲线 $f(x)=\dfrac{5}{x-7}$的垂直渐近线。

解：由 $\lim\limits_{x\to7}\dfrac{5}{x-7}=\infty$，则 $x=7$ 是 $f(x)=\dfrac{5}{x-7}$的垂直渐近线。

二、函数图像的描绘

微课

学习一次函数、二次函数时，描绘函数图像一般采用描点法，对于一般的函数曲线，想要用描点法，有时会漏下关键的拐点，对于凹凸性也会表达不出来，由此可以采用导数的方法，描绘函数图像。

利用导数描绘函数图像一般步骤：

（1）确定函数 $y=f(x)$ 的定义域，并求出$f'(x)$，$f''(x)$。

（2）令$f'(x)=0$，$f''(x)=0$，求出定义域内的对应根，并求出$f'(x)$，$f''(x)$ 不存在的点。

（3）根据（2）中根的分布，列表分析，确定函数的单调性、凹凸性、各区间分界点是不是极值点和拐点。

（4）确定曲线渐近线。

（5）适当补充一些点。

（6）根据上述画图。

例 3 求出函数$f(x)=x^3-9x^2+15x-9$ 的图形。

解：函数定义域为$(-\infty,+\infty)$，$f'(x)=3x^2-18x+15=3(x^2-6x+5)=3(x-5)(x-1)$

$f''(x)=6x-18$，令$f'(x)=0$，得 $x_1=1$，$x_2=5$，令$f''(x)=0$ 得 $x=3$。

列表讨论函数导数情况见表 4-7：

表 4-7

函数 \ 定义域	$(-\infty,1)$	1	(1，3)	3	(3，5)	5	$(5,+\infty)$
$f'(x)$	+	0	−	−	−	0	+
$f''(x)$	−	−	−	0	+	+	+
$f(x)$	↑	极大值 −2	↓	拐点（3，−18）	↓	极小值 −34	↑

函数$f(x)=x^3-9x^2+15x-9$没有渐近线。补全当$x=0$，$x=-2$时函数值结合上述，画出图像，如图4-7所示。

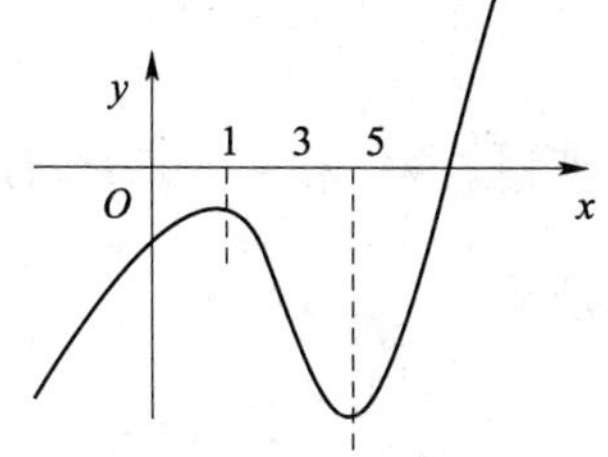

图4-7

例4　求出函数$f(x)=\frac{1}{\sqrt{2\pi}}e^{-\frac{x^2}{2}}$的图形。

解：函数定义域为$(-\infty,+\infty)$，$f'(x)=\frac{1}{\sqrt{2\pi}}e^{-\frac{x^2}{2}}(-x)=-\frac{1}{\sqrt{2\pi}}e^{-\frac{x^2}{2}}x$，$f''(x)=\frac{1}{\sqrt{2\pi}}e^{-\frac{x^2}{2}}(x+1)(x-1)$，因为$f(x)$是偶函数，所以只考虑$[0,+\infty)$上的图形，在$[0,+\infty)$上，当$f'(x)=0$时，$x=0$，$f''(x)=0$，$x=1$，列表讨论，如下表4-8考虑渐近线：

表4-8

函数＼定义域	0	(0, 1)	1	(1, ∞)
$f'(x)$	0	-	-	-
$f''(x)$	-	-	0	+
$f(x)$	极大值$\frac{1}{\sqrt{2\pi}}$	↓	拐点$\left(1,\frac{1}{\sqrt{2\pi e}}\right)$	↓

由$\lim\limits_{x\to+\infty}f(x)=\lim\limits_{x\to+\infty}\frac{1}{\sqrt{2\pi}}e^{-\frac{x^2}{2}}=0$，可以看出$f(x)$有一条水平渐近线$y=0$。补充点$\left(2,\frac{1}{\sqrt{2\pi}e^2}\right)$，根据如以上，画出图形，如图4-8所示。

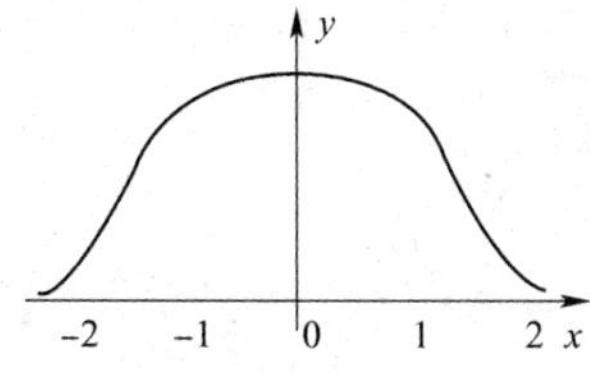

图4-8

例5　求出函数$f(x)=\frac{2x-1}{(x-1)^2}$的图形。

解：函数定义域为$(-\infty,1)\cup(1,+\infty)$，$f'(x)=\frac{-2x}{(x-1)^3}$，$f''(x)=\frac{2(2x+1)}{(x-1)^4}$，令$f'(x)=0$，得$x=0$，$f''(x)=0$，得$x=-\frac{1}{2}$，列表讨论见表4-9：

表4-9

函数＼定义域	$\left(-\infty,-\frac{1}{2}\right)$	$-\frac{1}{2}$	$\left(-\frac{1}{2},0\right)$	0	(0, 1)	(1, +∞)
$f'(x)$	-	-	-	0	+	-
$f''(x)$	-	0	+	+	+	+
$f(x)$	↓	拐点$\left(-\frac{1}{2},-\frac{8}{9}\right)$	↓	极小值1	↑	↑

考虑建渐近线：由$\lim\limits_{x\to\infty}\frac{2x-1}{(x-1)^2}=0$，所以$f(x)$有一条水平渐近线$y=0$，并且$\lim\limits_{x\to1}\frac{2x-1}{(x-1)^2}=\infty$，所以$f(x)$有一条垂直渐近线$x=1$，补充点（0，-1），$\left(\frac{1}{2}，0\right)$，(2，3)，根据上述，如图4-9所示。

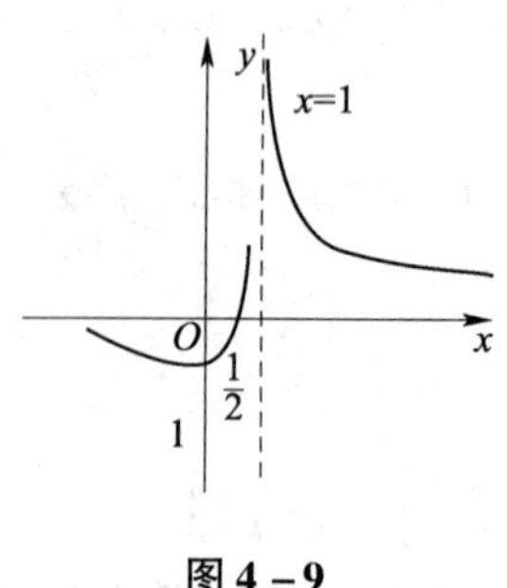

图4-9

习题4-6

1. 计算下列函数渐近线

(1) $f(x)=\frac{1}{|x|}$

(2) $f(x)=e^x-1$

(3) $f(x)=\frac{2x}{1+x^2}$

2. 画出下列函数图形

(1) $f(x)=3x^3+\frac{9}{2}x^2-27x+3$

(2) $f(x)=3x-x^3$

知识链接

人们对拉格朗日中值定理的认识可以上溯到公元前古希腊时代，古希腊数学家在几何研究中得到如下结论：对抛物线弓形顶点的切线必平行于抛物线弓形的底。这正是拉格朗日定理的特殊情况。古希腊数学家阿基米德，正是巧妙的利用这一结论，求出抛物弓形的面积。

意大利卡瓦列里在《不可分量几何学》的卷一中给出处理平面和立体图形切线的有趣引理，其中引理3基于几何的观点也叙述了一个同样的事实：曲线段上必有一点的切线平行于曲线的理弦。这是几何形式的微分中指定理被人们称为：卡瓦列里定理。

1797年，数学家拉格朗日在《解析函数论》中首先给出了拉格朗日定理最初形式：函数$f(x)$在x与x_0之间连续，$f'(x)$在x与x_0之间有最小值A与B，则$\frac{f(x)-f(x_0)}{x-x_0}$必取$A$与$B$之间的一个值。然而拉格朗日的证明却是不严格的。直到19世纪初，柯西加以整理证明进而推广给出柯西中值定理。

现代形式的拉格朗日中值定理是由法国数学家博（O. Bonnet）给出的，而他的证明基础还是罗尔中值定理。

本章小结

本章主要讲述导数应用及导数相关内容。第一部分通过罗尔中值定理、拉格朗日中值定理、柯西中值定理可以把函数在整个区间上的改变量同函数在区间内某一点ζ处的导数联系起来，成为利用函数局部性质来研究整体性的重要工具。

第二部分给出洛必达法则内容，通过研究$\frac{0}{0}$型以及$\frac{\infty}{\infty}$几种特例来应用洛必达法则求极限。

第三部分可以看成考察函数的性质，通过函数的单调性及函数的极值可以大致判断函数的走向，而对于更深层次的单调增加，我们又给出函数凹凸性的概念，由此我们根据函数的凹凸性也了解了函数拐点的定义及其求法。同时本章涉及的函数性质，还有最大值及最小值内容，特别地，不仅在函数范围存在最值问题，在实际问题中仍然存在，所以求解最值要根据实际情况具体分析。以上这些都为最后一节函数图像的描绘奠定基础，并且，前几节内容也是描绘函数图像的重要途径和方法。

题库

一、选择题

1. 下列哪个区间使函数$y=\frac{1}{x}-1$满足拉格朗日中值定理（　　）

A. $[-1, 1]$　　B. $[-1, 0)$　　C. $[-1, 0]$　　D. $[0, 1]$

2. 函数$f(x)=x-\ln(1+x)$在$[0, 1]$上满足拉格朗日定理的$\zeta=$（　　）

A. $1-\ln2$　　B. $\frac{1}{\ln2}-1$　　C. $1-\frac{1}{\ln2}$　　D. $\ln2$

3. 下列函数中，在$[-1, 2]$上满足罗尔定理条件的函数是（　　）

A. $y=2|x|-1$　　B. $y=3x^2+1$　　C. $y=\frac{1}{x^2}+1$　　D. $y=|\sin x|$

4. $\lim\limits_{x\to0}\left(\cot x-\frac{1}{x}\right)=$（　　）

A. 0　　B. $\frac{1}{2}$　　C. 1　　D. 2

5. 下列论述正确的是（　　）

A. 驻点必是极值点　　B. 极值点必是最值点

C. 可导的极值点必是驻点　　D. 极值点必是拐点

6. 函数$y=x^2e^{-x}$及图像在$(1, 2)$内是（　　）

A. 单调减少且是凸的　　B. 单调增加且是凸的

C. 单调减少且是凹的　　D. 单调增加且是凹的

7. 函数$f(x)=x^4-8x+2$在$[-1, 3]$上的最大值是（　　）

A. 5　　B. 11　　C. 12　　D. 59

8. 对于函数 $y=x^2+2x$，下列说法正确的是（　　）

A. 单调递增　　B. 单调递减

C. 在定义域内有极大值　　D. 在定义域内有极小值

9. 函数 $f(x)=\frac{x}{3-x}$ 的渐近线是（　　）

A. 只有垂直渐近线　　B. 没有水平渐近线

C. 既有垂直渐近线又有水平渐近线　　D. $x=1$ 是垂直渐近线

10. 函数 $f(x)=x+\sqrt{1-x}$ 在［-5，1］上的最大值是（　　）

A. $x=-5$　　B. $x=1$　　C. $x=\frac{3}{4}$　　D. $x=\frac{5}{8}$

二、填空题

1. $y=\frac{x}{x^2-1}$ 的垂直渐近线有__________条。

2. 函数 $f(x)=x+2\sqrt{x}$ 在区间［0，4］上的最大值是__________，最小值是__________。

3. 设函数 $f(x)$ 在点 x_0 左右邻域二阶可导，且 $f'(x_0)=0$，若 $f''(x_0)>0$，则函数值 $f(x_0)$ 为点 x_0 左右邻域的__________，若 $f''(x_0)<0$，则函数值 $f(x_0)$ 为点 x_0 左右邻域的__________。

4. 曲线 $f(x)=e^x+1$ 的凹凸性是__________。

5. 函数 $f(x)=x-\ln(1+x)$ 的单调增区间是__________。

三、计算题

1. $\lim\limits_{x\to0^+}\left(\ln\frac{1}{x}\right)^x$

2. $\lim\limits_{x\to0}\frac{\ln(x-1)}{x}$

3. $\lim\limits_{x\to0}\frac{\arctan x}{x^2}$

4. $\lim\limits_{x\to+\infty}\frac{e^x}{x^4}$

5. $\lim\limits_{x\to0}\frac{\tan x-x}{x-\sin x}$

四、综合应用题

1. 计算函数 $f(x)=x^3+2x^2-6$ 在区间［-1，2］的最值。

2. 求出函数 $f(x)=x+\frac{2}{3}x^{\frac{3}{2}}$ 的极值与最大值。

3. 求曲线 $f(x)=ax^3+bx^2$ 在点（1，3）为拐点时，a，b 的值。

4. 求函数 $f(x)=\sqrt[3]{x}$ 的凹凸区间。

5. 求函数 $f(x)=\frac{1}{x^2-4x+5}$ 的渐近线。

6. 作出函数 $y=x^3-3x^2$ 的图像。

第五章　不定积分

微课

学习目标

知识目标

1. 掌握原函数、不定积分的概念、性质及其关系。
2. 熟悉不定积分的基本公式，不定积分的直接积分法、第一类换元法、第二类换元法和分部积分法。
3. 了解原函数存在定理，利用查表法求积分的方法。

技能目标

1. 能运用直接积分法、第一类换元法、第二类换元法和分部积分法求解不定积分。
2. 能求出函数的原函数。

前面我们介绍了一元函数微分学，本章我们将介绍一元函数积分学。一元函数积分学的基本问题之一是求不定积分，它是求导数（或微分）的逆运算。本章主要介绍不定积分的概念、性质及计算方法。

第一节　不定积分的概念与性质

PPT

微分学的基本问题是已知一个函数，求它的导数（或微分）。但在许多实际问题中，常常需要解决相反的问题，就是已知一个函数的导数（或微分）而求这个函数。

例如，已知函数 $F'(x)=f(x)$ 和 $f(x)$，求函数 $F(x)$ 的问题。在此，我们引入原函数的概念。

一、原函数与不定积分

1. 原函数

定义 5.1　如果在区间 I 上，可导函数 $F(x)$ 的导函数为 $f(x)$，即对任一点 $x\in I$ 时，都有

$$F'(x)=f(x)\ \text{或}\ \mathrm{d}F(x)=f(x)dx$$

那么函数 $F(x)$ 就称为函数 $f(x)$ 在区间 I 上的一个原函数。

因为 $(\sin x)'=\cos x$，所以在 $(-\infty,\ +\infty)$ 上 $\sin x$ 是 $\cos x$ 的一个原函数。

因为 $(x^2)'=2x$，所以在 $(-\infty,\ +\infty)$ 上 x^2 是 $2x$ 的一个原函数。又因为 $(x^2)'=2x$，$(x^2+1)'=2x$，$(x^2+C)'=2x$（C 为任意常数），所以在 $(-\infty,\ +\infty)$ 上 x^2，x^2+1，x^2+C 都是 $2x$ 的原函数。

关于原函数，我们给出以下三点说明：

（1）原函数的存在条件　如果函数$f(x)$在区间I上连续，则该区间内$f(x)$的原函数一定存在，即连续函数必定存在原函数。因此每个初等函数在其定义域内的任一区间内都有原函数。

（2）原函数的个数　一般地，如果函数$F(x)$是函数$f(x)$在区间I上的一个原函数，对于任意常数C，因为$[F(x)+C]'=f(x)$，故$F(x)+C$都是$f(x)$的原函数。由于C的任意性，因此一个函数$f(x)$若有原函数，就有无限多个。

（3）任意两个原函数之间的关系　如果$\Phi(x)$和$F(x)$都是函数$f(x)$在区间I上的原函数，则$[\Phi(x)-F(x)]'=\Phi'(x)-F'(x)=f(x)-f(x)=0$，由于导数恒为零的函数必为常数，因而$\Phi(x)=F(x)+C$，（$C$为某个常数）。即函数$f(x)$的任意两个原函数之间只差一个常数。

因此，若$F(x)$是$f(x)$的一个原函数，则$f(x)$的全体原函数可以表示为$F(x)+C$，我们引入不定积分的定义。

2. 不定积分

定义 5.2　在区间I上，函数$f(x)$的带有任意常数项的原函数称为$f(x)$在区间I上的不定积分，记作

$$\int f(x)\mathrm{d}x=F(x)+C$$

其中，记号$\int$称为积分号，$f(x)$称为被积函数，$f(x)\mathrm{d}x$称为被积表达式，x称为积分变量，$F(x)$是$f(x)$的一个原函数，C为积分常数。

由此可知，求一个函数的不定积分实际上只需求出它的一个原函数，再加上任意常数即可。

不定积分的几何意义：如果函数$F(x)$是$f(x)$的一个原函数，则$f(x)$的不定积分为$F(x)+C$。对于每一个给定的C，就可以确定$f(x)$的一个原函数，在几何上就相应地确定一条曲线，这条曲线称为$f(x)$的积分曲线。由于$F(x)+C$的图形可以由曲线$y=F(x)$沿着y轴上下平移而得到，这样不定积分$\int f(x)\mathrm{d}x$在几何上就表示一族平行的积分曲线，简称为积分曲线族。在相同的横坐标$x=x_0$处，这些曲线的切线是相互平行的，其斜率都等于$f(x_0)$。（图 5－1）

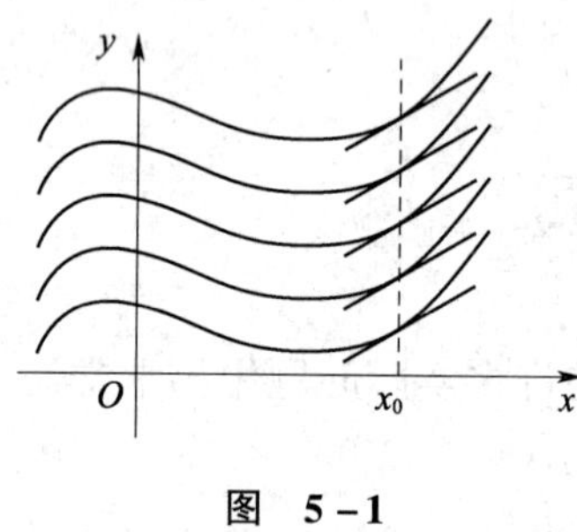

图　5－1

例 1　求$\int x^5\mathrm{d}x$。

解：由于$\left(\frac{x^6}{6}\right)'=x^5$，所以$\frac{x^6}{6}$是$x^5$的一个原函数，因此$\int x^5\mathrm{d}x=\frac{x^6}{6}+C$。

例 2　求$\int \sin x\mathrm{d}x$。

解：由于$(-\cos x)'=\sin x$，所以$\int \sin x\mathrm{d}x=-\cos x+C$。

例 3　求$\int \frac{1}{x}\mathrm{d}x$。

解：当$x>0$时，$(\ln x)'=\frac{1}{x}$，$\int \frac{1}{x}\mathrm{d}x=\ln x+C(x>0)$。

当$x<0$时，$[\ln(-x)]'=\frac{1}{-x}\cdot(-1)=\frac{1}{x}$，$\int \frac{1}{x}\mathrm{d}x=\ln(-x)+C(x<0)$。

合并上面两式，得到$\int \frac{1}{x}\mathrm{d}x=\ln|x|+C(x\neq 0)$。

例 4 求通过点（1，2）且其上任一点处切线的斜率为 $3x^2$ 的曲线方程。

解：设所求曲线方程为 $y=f(x)$，依据题意得 $f'(x)=3x^2$，

因为 x^3 是 $3x^2$ 的一个原函数，所以曲线方程 $y=\int 3x^2\mathrm{d}x=x^3+C$，

把点（1，2）代入函数 $y=x^3+C$ 中，得 $2=1+C$，得 $C=1$。

故所求曲线方程为 $y=x^3+1$。

二、不定积分的性质

根据不定积分的定义，可以推得以下两个性质：

性质 1 不定积分的导数（或微分）等于被积函数（或被积表达式），即

$$\left[\int f(x)\mathrm{d}x\right]'=f(x) \text{ 或 } d\int f(x)\mathrm{d}x=f(x)\mathrm{d}x$$

性质 2 一个函数导数（或微分）的不定积分等于这个函数加上一个任意常数，即

$$\int f'(x)\mathrm{d}x=f(x)+C \text{ 或 } \int \mathrm{d}f(x)\mathrm{d}x=f(x)+C$$

由以上性质可以看出，微分运算与积分运算互为逆运算。

三、基本积分公式

既然积分运算是微分运算的逆运算，那么很自然地可以从微分公式得到相应的积分公式：

1. $\int 0\mathrm{d}x=C$
2. $\int k\mathrm{d}x=kx+C$
3. $\int x^a\mathrm{d}x=\frac{1}{a+1}x^{a+1}+C$，$(a\neq-1)$
4. $\int \frac{1}{x}=\ln|x|+C$
5. $\int e^x=e^x+C$
6. $\int a^x=\frac{a^x}{\ln a}+C$
7. $\int \cos x\mathrm{d}x=\sin x+C$
8. $\int \sin x\mathrm{d}x=-\cos x+C$
9. $\int \sec^2 x\mathrm{d}x=\tan x+C$
10. $\int \csc^2 x\mathrm{d}x=-\cot x+C$
11. $\int \sec x\tan x\mathrm{d}x=\sec x+C$
12. $\int \csc x\cot x\mathrm{d}x=-\csc x+C$
13. $\int \frac{1}{\sqrt{1-x^2}}\mathrm{d}x=\arcsin x+C=-\arccos x+C$
14. $\int \frac{1}{1+x^2}\mathrm{d}x=\arctan x+C=-\operatorname{arccot} x+C$

以上 14 个积分基本公式是求不定积分的基础，必须熟记，灵活应用。

四、不定积分的运算法则

根据不定积分的定义，可以推得以下两个运算法则：

法则 1 两个函数代数和的不定积分等于两个函数不定积分的代数和，即

$$\int[f(x)\pm g(x)]\mathrm{d}x=\int f(x)\mathrm{d}x\pm\int g(x)\mathrm{d}x$$

证明：因为 $\left[\int f(x)\mathrm{d}x\pm\int g(x)\mathrm{d}x\right]'=\left[\int f(x)\mathrm{d}x\right]'\pm\left[\int g(x)\mathrm{d}x\right]'=f(x)\pm g(x)$

所以$\int f(x)\mathrm{d}x \pm \int g(x)\mathrm{d}x$是$f(x)\pm g(x)$的原函数，故

$$\int[f(x)\pm g(x)]\mathrm{d}x=\int f(x)\mathrm{d}x \pm \int g(x)\mathrm{d}x$$

这个法则显然可以推广到有限多个函数。

法则2 被积函数中不为零的常数因子可以提到积分号外面来，即

$$\int kf(x)\mathrm{d}x=k\int f(x)\mathrm{d}x \text{（}k\text{是常数，}k\neq 0\text{）}$$

证明：因为$[k\int f(x)\mathrm{d}x]'=k[\int f(x)\mathrm{d}x]'=kf(x)$

所以$k\int f(x)\mathrm{d}x$是$kf(x)$的原函数，故

$$\int kf(x)\mathrm{d}x=k\int f(x)\mathrm{d}x \text{（}k\text{是常数，}k\neq 0\text{）}.$$

例5 求$\int x^2\sqrt{x}\mathrm{d}x$。

解：
$$\begin{aligned}\int x^2\sqrt{x}\mathrm{d}x &= \int x^{\frac{5}{2}}\mathrm{d}x\\ &=\frac{1}{\frac{5}{2}+1}x^{\frac{5}{2}+1}+C\\ &=\frac{2}{7}x^{\frac{7}{2}}+C\\ &=\frac{2}{7}x^3\sqrt{x}+C\end{aligned}$$

例6 求$\int\sqrt{x}(x^2-5)\mathrm{d}x$。

解：
$$\begin{aligned}\int\sqrt{x}(x^2-5)\mathrm{d}x &= \int(x^{\frac{5}{2}}-5x^{\frac{1}{2}})\mathrm{d}x\\ &=\int x^{\frac{5}{2}}\mathrm{d}x-\int 5x^{\frac{1}{2}}\mathrm{d}x\\ &=\int x^{\frac{5}{2}}\mathrm{d}x-5\int x^{\frac{1}{2}}\mathrm{d}x\\ &=\frac{2}{7}x^{\frac{7}{2}}-\frac{10}{3}x^{\frac{3}{2}}+C\end{aligned}$$

注意：（1）每个积分号消去后都会得到一个任意常数，由于任意常数的和仍为任意常数，所以只要写出一个任意常数即可。

（2）检验结果是否正确，只要将结果求导，看它的导数是否等于被积函数即可。

例7 求$\int\frac{(x-1)^3}{x^2}\mathrm{d}x$。

解：
$$\begin{aligned}\int\frac{(x-1)^3}{x^2}\mathrm{d}x &= \int\frac{x^3-3x^2+3x-1}{x^2}\mathrm{d}x\\ &=\int(x-3+\frac{3}{x}-\frac{1}{x^2})\mathrm{d}x\\ &=\int x\mathrm{d}x-3\int\mathrm{d}x+3\int\frac{1}{x}\mathrm{d}x-\int\frac{1}{x^2}\mathrm{d}x\end{aligned}$$

$$=\frac{1}{2}x^2-3x+3\ln|x|+\frac{1}{x}+C$$

例 8　求$\int\frac{x^2}{x^2+1}\mathrm{d}x$。

解：先做代数变形，有$\frac{x^2}{x^2+1}=\frac{x^2+1-1}{x^2+1}=1-\frac{1}{1+x^2}$，于是

$$\int\frac{x^2}{x^2+1}\mathrm{d}x=\int\left(1-\frac{1}{1+x^2}\right)\mathrm{d}x=x-\arctan x+C$$

例 9　求$\int\cos^2\frac{x}{2}\mathrm{d}x$。

解：由三角恒等式$\cos^2\frac{x}{2}=\frac{1+\cos x}{2}$，于是

$$\int\cos^2\frac{x}{2}\mathrm{d}x=\int\frac{1+\cos x}{2}\mathrm{d}x=\frac{1}{2}\int(1+\cos x)\mathrm{d}x$$

$$=\frac{1}{2}\left(\int\mathrm{d}x+\int\cos x\mathrm{d}x\right)=\frac{1}{2}(x+\sin x)+C$$

例 10　求$\int\tan^2x\mathrm{d}x$。

解：$\int\tan^2x\mathrm{d}x=\int(\sec^2x-1)\mathrm{d}x=\int\sec^2x\mathrm{d}x-\int\mathrm{d}x$

$$=\tan x-x+C$$

例 11　求$\int 3^xe^x\mathrm{d}x$。

解：$\int 3^xe^x\mathrm{d}x=\int(3e)^x\mathrm{d}x=\frac{(3e)^x}{\ln 3e}+C$

利用上述不定积分的基本公式和法则，通过被积函数做适当的恒等变换而得出结果的积分方法，称为直接积分法。直接积分法是最基本的积分方法，在运算过程中，要注意总结和归纳各种方法和技巧。

习题 5-1

1. 求下列不定积分

(1) $\int\left(\sqrt[3]{x}-\frac{1}{x}+1\right)\mathrm{d}x$　　(2) $\int(x^3\sqrt{x})\mathrm{d}x$

(3) $\int\left(\cos x-2e^x+\frac{2}{\sqrt{1-x^2}}\right)\mathrm{d}x$　　(4) $\int\sqrt{x\sqrt{x\sqrt{x}}}\mathrm{d}x$

(5) $\int\frac{e^{2x}-1}{e^x-1}\mathrm{d}x$　　(6) $\int\sec x(\sec x-\tan x)\mathrm{d}x$

(7) $\int 3^{-x}(2\cdot 3^x-3\cdot 2^x)\mathrm{d}x$　　(8) $\int\frac{\cos 2x}{\cos x-\sin x}\mathrm{d}x$

2. 一曲线过原点，且在曲线上每一点（x，y）处切线斜率为x^3+1，试求这曲线方程。

PPT

第二节　换元积分法

利用直接积分法所能计算的不定积分是非常有限的，例如像 $\int \cos 2x \mathrm{d}x$ 和 $\int \sqrt{1+x^2}\mathrm{d}x$ 这样简单的不定积分就无法解决。为此我们引入一种重要的积分方法——换元积分法。换元积分法又分为第一类换元积分法和第二类换元积分法。

一、第一类换元积分法

思考：$\int \cos 2x \mathrm{d}x = \sin 2x + C$ 吗？

解：想要验证结果是否正确，只需将结果求导，看它的导数是否等于被积函数即可。

因为
$$(\sin 2x + C)' = 2\cos 2x \neq \cos 2x$$

所以
$$\int \cos 2x \mathrm{d}x \neq \sin 2x + C$$

那么这道题该如何求解呢？

我们需要利用复合函数的性质，设置中间变量。

设 $u = 2x \Rightarrow \mathrm{d}u = \mathrm{d}(2x) = 2\mathrm{d}x \Rightarrow \mathrm{d}x = \frac{1}{2}\mathrm{d}u$，换元

所以
$$\int \cos 2x \mathrm{d}x = \frac{1}{2}\int \cos u \mathrm{d}u = \frac{1}{2}\sin u + C = \frac{1}{2}\sin 2x + C$$

此题的求解关键在于利用了换元法，变换了积分元。

一般地，有以下定理。

定理 5.1　设函数 $f(u)$ 具有原函数 $F(u)$，且 $u = \varphi(x)$ 可导，则有换元公式

$$\int f[\varphi(x)]\varphi'(x)\mathrm{d}x = \int f[\varphi(x)]\mathrm{d}\varphi(x) = \int f(u)\mathrm{d}u = F(u) + C = F[\varphi(x)] + C$$

证明：由复合函数的求导法则，得

$$\frac{\mathrm{d}}{\mathrm{d}x}[F(\varphi(x) + C] = \frac{\mathrm{d}F(u)}{\mathrm{d}u}\frac{\mathrm{d}\varphi(x)}{\mathrm{d}x} = f(u)\varphi'(x) = f[\varphi(x)]\varphi'(x)$$

所以 $F[\varphi(x)]$ 是 $f[\varphi(x)]\varphi'(x)$ 的一个原函数，即

$$\int f[\varphi(x)]\varphi'(x)\mathrm{d}x = \int f[\varphi(x)]\mathrm{d}\varphi(x) = \int f(u)\mathrm{d}u = F(u) + C = F[\varphi(x)] + C$$

本定理的含义是：如果直接求函数 $f[\varphi(x)]\varphi'(x)$ 的不定积分有困难，可以引进一个中间变量 u，即令 $u = \varphi(x)$，使 $f[\varphi(x)]$ 变为 $f(u)$，$\varphi'(x)\mathrm{d}x$ 变为 $\mathrm{d}u$，如果 $f(u)$ 的原函数是 $F(u)$，则所求的不定积分 $F(u) + C$，再把 $u = \varphi(x)$ 代回，即得 $F[\varphi(x)] + C$。

注：虽然 $\int f[\varphi(x)]\varphi'(x)\mathrm{d}x$ 是一个整体的记号，但被积表达式中的 $\mathrm{d}x$ 也可以看作变量 x 的微分一样来使用，据此可以采用以下的记法：

$$\int f[\varphi(x)]\varphi'(x)\mathrm{d}x = \int f[\varphi(x)]\mathrm{d}\varphi(x),$$

$$\int F'(u)\mathrm{d}u = \int \mathrm{d}[F(u)] = F[u] + C$$

这是一个凑微分的过程,因此第一类换元积分法也称为凑微分法。

例1 求$\int \sin 2x \mathrm{d}x$。

解：设$u=2x$，则$\mathrm{d}u=\mathrm{d}(2x)=2\mathrm{d}x$，于是有$\mathrm{d}x=\frac{1}{2}\mathrm{d}u$

所以
$$\int \sin 2x \mathrm{d}x=\frac{1}{2}\int \sin u \mathrm{d}u=-\frac{1}{2}\cos u+C=-\frac{1}{2}\cos 2x+C$$

例2 求$\int \frac{1}{3+2\mathrm{x}}\mathrm{d}x$。

解：设$u=3+2x$，则$\mathrm{d}u=\mathrm{d}(3+2x)=2\mathrm{d}x$，于是有$\mathrm{d}x=\frac{1}{2}\mathrm{d}u$

所以
$$\int \frac{1}{3+2x}\mathrm{d}x=\frac{1}{2}\int \frac{1}{u}\mathrm{d}u=\frac{1}{2}\ln|u|+C=\frac{1}{2}\ln|3+2x|+C$$

一般地
$$\int f(ax+b)\mathrm{d}x=\frac{1}{a}[f(u)\mathrm{d}u]_{u=ax+b}$$

例3 求$\int xe^{x^2}\mathrm{d}x$。

解：设$u=x^2$，则$\mathrm{d}u=\mathrm{d}(x^2)=2x\mathrm{d}x$，于是有$x\mathrm{d}x=\frac{1}{2}\mathrm{d}u$

所以
$$\int xe^{x^2}\mathrm{d}x=\frac{1}{2}\int e^u\mathrm{d}u=\frac{1}{2}e^u+C=\frac{1}{2}e^{x^2}+C$$

例4 求$\int \frac{x^2}{(x+1)^3}\mathrm{d}x$。

解：设$u=x+1$，则$x=u-1$，$\mathrm{d}u=\mathrm{d}(x+1)=\mathrm{d}x$

所以
$$\begin{aligned}\int \frac{x^2}{(x+1)^3}\mathrm{d}x &= \int \frac{(u-1)^2}{u^3}\mathrm{d}u=\int (u^2-2u+1)u^{-3}\mathrm{d}u\\ &=\int (u^{-1}-2u^{-2}+u^{-3})\mathrm{d}u\\ &=\ln|u|+2u^{-1}-\frac{1}{2}u^{-2}+C\\ &=\ln|x+1|+\frac{2}{x+1}-\frac{1}{2(x+1)^2}+C\end{aligned}$$

对于第一类换元法使用较熟练以后，可以不用写出变换$u=\varphi(x)$，而直接用“凑微分”的方法计算不定积分，积分会更快捷方便。

例5 求$\int \frac{1}{a^2+x^2}\mathrm{d}x$，$(a\neq 0)$。

解：
$$\begin{aligned}\int \frac{1}{a^2+x^2}\mathrm{d}x &= \frac{1}{a^2}\int \frac{1}{1+\left(\frac{x}{a}\right)^2}\mathrm{d}x\\ &=\frac{1}{a}\int \frac{1}{1+\left(\frac{x}{a}\right)^2}\mathrm{d}\left(\frac{x}{a}\right)\\ &=\frac{1}{a}\arctan\frac{x}{a}+C\end{aligned}$$

这里实际上作了变量代换$u=\frac{x}{a}$，并在求出积分$\frac{1}{a}\int \frac{\mathrm{d}u}{1+u^2}$后，代回了原积分变量，只是没有

写出来而已。

例 6 求 $\int \frac{1}{a^2-x^2}\mathrm{d}x$，$(a\neq 0)$。

解：因为 $\frac{1}{a^2-x^2}=\frac{1}{(a+x)(a-x)}=\frac{1}{2a}\left(\frac{1}{a+x}+\frac{1}{a-x}\right)$，所以

$$\int \frac{1}{a^2-x^2}\mathrm{d}x=\frac{1}{2a}\int\left(\frac{1}{a+x}+\frac{1}{a-x}\right)\mathrm{d}x=\frac{1}{2a}\int\frac{1}{a+x}\mathrm{d}x+\frac{1}{2a}\int\frac{1}{a-x}\mathrm{d}x$$

$$=\frac{1}{2a}\int\frac{1}{a+x}\mathrm{d}(a+x)-\frac{1}{2a}\int\frac{1}{a-x}\mathrm{d}x(a-x)$$

$$=\frac{1}{2a}\ln|a+x|-\frac{1}{2a}|a-x|+C$$

$$=\frac{1}{2a}\ln\left|\frac{a+x}{a-x}\right|+C$$

例 7 求 $\int \frac{1}{\sqrt{a^2-x^2}}\mathrm{d}x$，$(a>0)$。

解：$\int \frac{1}{\sqrt{a^2-x^2}}\mathrm{d}x=\int\frac{1}{a\sqrt{1-\left(\frac{x}{a}\right)^2}}\mathrm{d}x=\int\frac{\mathrm{d}\left(\frac{x}{a}\right)}{\sqrt{1-\left(\frac{x}{a}\right)^2}}=\arcsin\frac{x}{a}+C$

如果被积函数中含有三角函数，有时需要先对被积函数做适当的三角恒等变换，然后再应用第一类换元积分法。

例 8 求 $\int \tan x\mathrm{d}x$。

解：$\int \tan x\mathrm{d}x=\int\frac{\sin x}{\cos x}\mathrm{d}x=-\int\frac{1}{\cos x}\mathrm{d}\cos x=-\ln|\cos x|+C$

类似可求得 $\int \cot x=\ln|\sin x|+C$

例 9 求 $\int \csc x\mathrm{d}x$。

解：$\int \csc x\mathrm{d}x=\int\frac{1}{\sin x}\mathrm{d}x=\int\frac{1}{2\sin\frac{x}{2}\cos\frac{x}{2}}\mathrm{d}x=\frac{1}{2}\int\frac{1}{\tan\frac{x}{2}\cos^2\frac{x}{2}}\mathrm{d}x$

$$=\int\frac{1}{\tan\frac{x}{2}}\mathrm{d}\left(\tan\frac{x}{2}\right)=\ln\left|\tan\frac{x}{2}\right|+C$$

而 $\tan\frac{x}{2}=\frac{\sin\frac{x}{2}}{\cos\frac{x}{2}}=\frac{2\sin^2\frac{x}{2}}{2\sin\frac{x}{2}\cos\frac{x}{2}}=\frac{1-\cos x}{\sin x}=\csc x-\cot x$，所以

$$\int\csc x\mathrm{d}x=\ln|\csc x-\cot x|+C$$

例 10 求 $\int \sec x\mathrm{d}x$。

解：类似利用 $\sec x=\frac{1}{\cos x}=\frac{1}{\sin\left(x+\frac{\pi}{2}\right)}$ 和例 9 的结果可得

$$\int \sec x dx = \int \frac{1}{\sin\left(x+\frac{\pi}{2}\right)} d\left(x+\frac{\pi}{2}\right) = \ln\left|\csc\left(x+\frac{\pi}{2}\right) - \cot\left(x+\frac{\pi}{2}\right)\right| + C$$
$$= \ln|\sec x + \tan x| + C$$

例 11 求 $\int \sin 3x \cos 2x dx$。

解：利用三角函数的积化和差公式，将被积函数化作两项之和，再分项拆分，可得

$$\int \sin 3x \cos 2x dx = \frac{1}{2}\int (\sin 5x + \sin x) dx$$
$$= \frac{1}{2}\cdot\frac{1}{5}\int \sin 5x d(5x) + \frac{1}{2}\int \sin x dx$$
$$= -\frac{1}{10}\cos 5x - \frac{1}{2}\cos x + C$$

例 12 求 $\int \sec^6 x dx$。

解：$\int \sec^6 x dx = \int (\tan^2 x + 1)^2 \cdot \sec^2 x dx$

$$= \int (\tan^4 x + 2\tan^2 x + 1) d\tan x$$
$$= \frac{1}{5}\tan^5 x + \frac{2}{3}\tan^3 x + \tan x + C$$

为了能熟练掌握凑微分法，一些常用的微分公式要熟记，例如：

$x dx = \frac{1}{2}d(x^2)$，$\frac{1}{x}dx = d(\ln|x|)$，$\frac{1}{x^2}dx = -d\left(\frac{1}{x}\right)$，$\frac{1}{\sqrt{1-x^2}}dx = d\arcsin x$，

$\frac{1}{\sqrt{x}}dx = 2d(\sqrt{x})$，$e^x dx = d(e^x)$，$-\sin x dx = d(\cos x)$，$\sec^2 x dx = d\tan x$

二、第二类换元积分法

前面介绍的第一类换元积分法是通过变量代换 $u=\varphi(x)$，将 $\int f[\varphi(x)]\varphi'(x)dx$ 化为 $\int f(u)du$，然后套入公式积分。而第二类换元积分法则相反，它是通过变量代换 $x=\psi(t)$ 将积分 $\int f(x)dx$ 化为 $\int f(\psi(t)\psi'(t)dt$。在求出一个积分后，再以 $x=\psi(t)$ 的反函数 $t=\psi^{-1}(x)$ 代回去。这样，换元公式可表达为

$$\int f(x)dx = [\int f(\psi(t)\ \psi'(t)\ dt]_{t=\psi^{-1}(x)}$$

思考：$\int \frac{x}{\sqrt{1+x}}dx = ?$

解：显然这道题用前面学过的方法是不易求得的，主要在于被积函数含有根式 $\sqrt{1+x}$，为去掉根号，可设 $\sqrt{1+x}=t$，$x=t^2-1(t>0)$，于是 $dx=d(t^2-1)=2tdt$，所以

$$\int \frac{x}{\sqrt{1+x}}dx = \int \frac{t^2-1}{t}2tdt = 2\int (t^2-1)dt$$

$$=\frac{2}{3}t^3-2t+C=\frac{2}{3}(1+x)^{\frac{3}{2}}-2\sqrt{1+x}+C$$

此题是通过变量代换，用 t^2-1 来代替 x，消去了被积函数中的根式，从而求出所给的不定积分。这种方法就是第二类换元积分法。

一般地，有以下定理。

定理 5.2 设 $f(x)$ 连续，$x=\psi(t)$ 是严格单调的可导函数，且 $\psi'(t)\neq 0$，如果有 $\int f[\psi(t)]\psi'(t)\mathrm{d}t=F(t)+C$，则有

$$\int f(x)\mathrm{d}x=F[\psi^{-1}(x)]+C$$

其中 $t=\psi^{-1}(x)$ 是 $x=\psi(t)$ 的反函数。

证明：由复合函数和反函数的求导法则，得

$$\{F[\psi^{-1}(x)]+C\}'=F'(t)[\psi^{-1}(x)]'=F'(t)\frac{1}{\psi'(t)}=f[\psi(t)]\psi'(t)\frac{1}{\psi'(t)}=f(x)。$$

所以
$$\int f(x)\mathrm{d}x=F[\psi^{-1}(x)]+C$$

由此定理可知，第二类换元积分法的中心思想是将根式有理化，一般有以下两种变量代换。

1. 代数变换

例 13 求 $\int x\sqrt{x-1}\mathrm{d}x$。

解：要去掉被积函数中的根式，可设 $\sqrt{x-1}=t(t\geqslant 0)$，则 $x=t^2+1$，$\mathrm{d}x=\mathrm{d}(t^2+1)=2t\mathrm{d}t$，于是

$$\begin{aligned}\int x\sqrt{x-1}\mathrm{d}x&=\int(t^2+1)t\cdot 2t\mathrm{d}t=2\int(t^4+t^2)\mathrm{d}t\\&=\frac{2}{5}t^5+\frac{2}{3}t^3+C\\&=\frac{2}{5}(x-1)^{\frac{5}{2}}+\frac{2}{3}(x-1)^{\frac{3}{2}}+C\end{aligned}$$

例 14 求 $\int\frac{1}{\sqrt[3]{x}+\sqrt{x}}\mathrm{d}x$。

解：想要同时去掉两个被积函数的根式，就必须设 $t=\sqrt[6]{x}(t>0)$，

则 $x=t^6$，$\mathrm{d}x=d(t^6)=6t^5\mathrm{d}t$，于是

$$\begin{aligned}\int\frac{1}{\sqrt[3]{x}+\sqrt{x}}\mathrm{d}x&=\int\frac{6t^5}{t^2+t^3}\mathrm{d}t\\&=6\int\frac{t^3}{t+1}\mathrm{d}t\\&=6\int\frac{(t^3+1)-1}{t+1}\mathrm{d}t\\&=6\int\left(t^2-t+1-\frac{1}{t+1}\right)\mathrm{d}t=2t^3-3t^2+6t-6\ln|t+1|+C\\&=2\sqrt{x}-3\sqrt[3]{x}+6\sqrt[6]{x}-6\ln(\sqrt[6]{x}+1)+C\end{aligned}$$

从上面两个例题可以看出，一般地，当被积函数含有 $\sqrt[n]{x-a}$ 时，通常作代数变换 $t=\sqrt[n]{x-a}$，$x=t^n+a$ 化去根式，当被积函数含有 $\sqrt[n_1]{x-a}$ 和 $\sqrt[n_2]{x-a}$ 时，通常作代数变换 $t=\sqrt[n]{x-a}$，n 为 n_1、n_2

的最小公倍数来化去根式。

2. 三角变换

例 15 求$\int \sqrt{a^2-x^2}\mathrm{d}x$，$(a>0)$。

解：求此不定积分的困难在于根式$\sqrt{a^2-x^2}$，可利用三角恒等式$\sin^2 t+\cos^2 t=1$化去根式。

设$x=a\sin t$，$t\in\left(-\frac{\pi}{2},\frac{\pi}{2}\right)$，则

$$\sqrt{a^2-x^2}=\sqrt{a^2-a^2\sin^2 t}=a\cos t,\ \mathrm{d}x=d(a\sin t)=a\cos t\mathrm{d}t,\text{于是}$$

$$\begin{aligned}\int \sqrt{a^2-x^2}\mathrm{d}x &= \int a\cos t\cdot a\cos t\mathrm{d}t=a^2\int \cos^2 t\mathrm{d}t\\ &=a^2\int \frac{1+\cos 2t}{2}\mathrm{d}t=\frac{a^2}{2}\left(t+\frac{1}{2}\sin 2t\right)+C\\ &=\frac{a^2}{2}t+\frac{a^2}{2}\sin t\cos t+C\end{aligned}$$

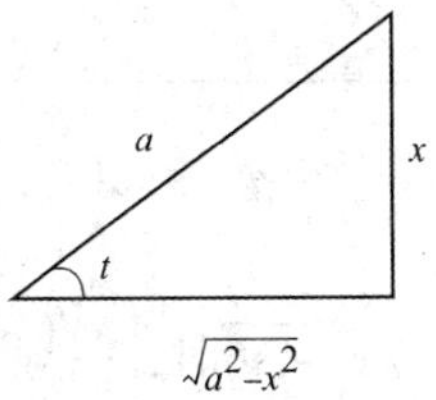

为将变量t还原为x，可根据$\sin t=\frac{x}{a}$作直角三角形（图5-2），便有

图 5-2

$t=\arcsin\frac{x}{a}$，$\sin t=\frac{x}{a}$，$\cos t=\frac{\sqrt{a^2-x^2}}{a}$。

所以

$$\begin{aligned}\int \sqrt{a^2-x^2}\mathrm{d}x &= \frac{a^2}{2}\arcsin\frac{x}{a}+\frac{a^2}{2}\cdot\frac{x}{a}\cdot\frac{\sqrt{a^2-x^2}}{a}+C\\ &=\frac{a^2}{2}\arcsin\frac{x}{a}+\frac{x}{2}\sqrt{a^2-x^2}+C\end{aligned}$$

例 16 求$\int \frac{1}{\sqrt{a^2+x^2}}\mathrm{d}x,(a>0)$。

解：与上题类似，利用三角恒等式$1+\tan^2 t=\sec^2 t$可化去根式。

设$x=a\tan t$，$t\in\left(-\frac{\pi}{2},\frac{\pi}{2}\right)$，则$\sqrt{a^2+x^2}=a\sec t$，$\mathrm{d}x=d(a\tan t)=a\sec^2 t\mathrm{d}t$，于是

$$\int \frac{1}{\sqrt{a^2+x^2}}\mathrm{d}x=\int \frac{1}{a\sec t}\cdot a\sec^2 t\mathrm{d}t=\int \sec t\mathrm{d}t$$

利用例10推导所得的结果$\int \sec x\mathrm{d}x=\ln|\sec x+\tan x|+C$得

$$\int \frac{1}{\sqrt{a^2+x^2}}\mathrm{d}x=\ln|\sec t+\tan t|+C_1$$

为将变量t还原为x，可根据$\tan t=\frac{x}{a}$作直角三角形（图5-3），便有$\sec t=\frac{\sqrt{a^2+x^2}}{a}$，于是

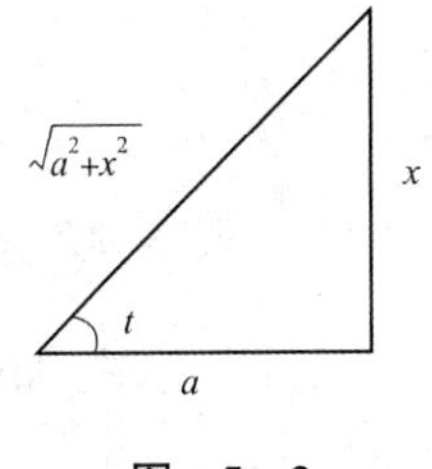

图 5-3

$$\int \frac{1}{\sqrt{a^2+x^2}}\mathrm{d}x=\ln\left|\frac{\sqrt{a^2+x^2}}{a}+\frac{x}{a}\right|+C_1=\ln\left|x+\sqrt{a^2+x^2}\right|+C$$

其中$C=C_1-\ln a$。

例 17 求$\int \frac{1}{\sqrt{x^2-a^2}}\mathrm{d}x$，$(a>0)$。

解：利用三角恒等式$\sec^2 t-1=\tan^2 t$可化去根式。

设$x=a\sec t$，$t\in\left(0,\ \dfrac{\pi}{2}\right)$，则$dx=d(a\sec t)=a\sec t\tan t dt$，所以

$$\int\frac{1}{\sqrt{x^2-a^2}}dx=\int\frac{a\sec t\tan t dt}{a\tan t}=\int\sec t dt=\ln|\sec t+\tan t|+C$$

为将变量t还原为x，可根据$\sec t=\dfrac{x}{a}$作直角三角形（图5－4），便有

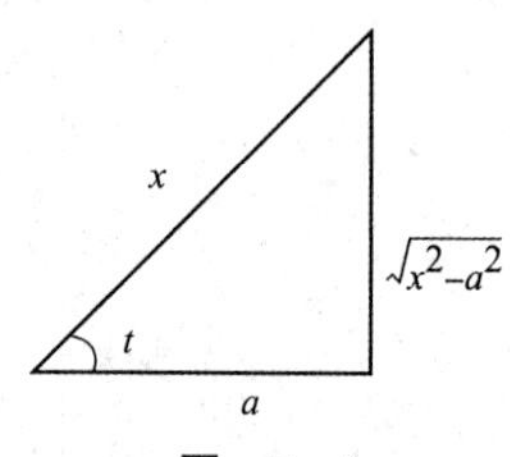

图 5－4

$$\tan t=\frac{\sqrt{x^2-a^2}}{a}，于是$$

$$\int\frac{1}{\sqrt{x^2-a^2}}dx=\ln\left|\frac{x}{a}+\frac{\sqrt{x^2-a^2}}{a}\right|+C_1=\ln\left|x+\sqrt{x^2-a^2}\right|+C$$

其中，$C=C_1-\ln a$。

由以上几个例题可以看出，当被积函数有$\sqrt{a^2-x^2}$、$\sqrt{a^2+x^2}$或$\sqrt{x^2-a^2}$时，一般可利用三角函数平方关系式，作三角变换，分别令$x=a\sin t$（或$x=a\cos t$）、$x=a\tan t$（或$x=a\cot t$）或$x=a\sec t$（或$x=a\csc t$），去掉被积函数中的根式。

有一些积分是经常用到的，可作为基本积分公式使用（其中常数$a>0$），如下：

1. $\int\tan x dx=-\ln|\cos x|+C$

2. $\int\cot x dx=\ln|\sin x|+C$

3. $\int\sec x dx=\ln|\sec x+\tan x|+C$

4. $\int\csc x dx=\ln|\csc x-\cot x|+C$

5. $\int\dfrac{dx}{a^2+x^2}=\dfrac{1}{a}\arctan\dfrac{x}{a}+C$

6. $\int\dfrac{dx}{\sqrt{a^2-x^2}}=\arcsin\dfrac{x}{a}+C$

7. $\int\dfrac{dx}{\sqrt{x^2+a^2}}=\ln(x+\sqrt{x^2+a^2})+C$

8. $\int\dfrac{dx}{\sqrt{x^2-a^2}}=\ln(x+\sqrt{x^2-a^2})+C$

习题5－2

1. 求下列不定积分

(1) $\int\dfrac{1}{2-3x}dx$　　(2) $\int\dfrac{\ln^2 x}{x}dx$

(3) $\int\dfrac{1}{(\arcsin x)^2\sqrt{1-x^2}}dx$　　(4) $\int\sin^2 x\cos^3 x dx$

(5) $\int\dfrac{\sqrt[4]{x}}{x+\sqrt{x}}dx$　　(6) $\int x^2\sqrt{x+1}\,dx$

(7) $\int \frac{dx}{\sqrt{4x^2+9}}$　　(8) $\int \frac{dx}{\sqrt{(x^2+1)^3}}$

2. 设 $f(x)=x\sqrt{x^3+1}$，求 $\int f''(x)dx$。

第三节　分部积分法

PPT

当被积函数是两个不同类型的函数的乘积时，一般用换元积分法是无法计算的。例如 $\int x\cos x dx$、$\int xe^x dx$ 等，需要用到积分法中另外一种重要方法——分部积分法。

分部积分法是两个函数乘积的导数公式的逆运算，它是将所求积分分为两个部分，有如下定理：

定理 5.3　设函数 $u=u(x)$，$v=v(x)$ 具有连续导数，则有

$$\int u dv = uv - \int v du$$

证明：由函数乘积的微分法则有 $d(uv)=vdu+udv$

移项，得 $udv=d(uv)-vdu$

对上式两端同时积分，得 $\int udv=\int d(uv)-\int vdu$，

即
$$\int udv = uv - \int vdu$$

以上公式称为分部积分公式，它用于求 $\int udv$ 较难，而 $\int vdu$ 较容易求出的情况。所以在计算时如何选取 u 和 dv 是关键。通常把用分部积分公式来求积分的方法称为分部积分法。

例 1　求 $\int xe^x dx$。

分析：这道题明显是两个函数乘积的形式，不适用于前面学过的直接积分法和换元积分法，适用于分部积分法。“分部”的关键在于如何选取 u 和 dv，如果设 $u=e^x$, $dv=xdx=d\left(\frac{x^2}{2}\right)$，相当于对 x 进行了升幂的处理，计算起来更麻烦，所以不能这样选择。而如果设 $u=x$，$dv=e^x dx$，则容易得多。

解：设 $u=x$，$dv=e^x dx$，那么 $du=dx$，$v=e^x$，于是

$$\int xe^x dx = \int x d(e^x) = xe^x - \int e^x dx = xe^x - e^x + C = e^x(x-1) + C$$

例 2　求 $\int x\cos x dx$。

解：通过选择，设 $u=x$，$dv=\cos x dx$，那么 $du=dx$，$v=\sin x$，于是

$$\int x\cos x dx = \int x d(\sin x) = x\sin x - \int \sin x dx = x\sin x + \cos x + C$$

例 3　求 $\int x\ln x dx$。

解：设 $u=\ln x$，$dv=xdx$，那么 $du=\frac{1}{x}dx$，$v=\frac{1}{2}x^2$，于是

$$\int x\ln x dx = \int \ln x d\left(\frac{1}{2}x^2\right)=\frac{1}{2}x^2\ln x-\int\frac{1}{2}x^2\cdot\frac{1}{x}dx$$
$$=\frac{1}{2}x^2\ln x-\frac{1}{4}x^2+C$$

例 4 求 $\int \arctan x dx$。

解：设 $u=\arctan x$，$dv=dx$，那么 $du=\frac{1}{1+x^2}dx$，$v=x$，于是

$$\int \arctan x dx = x\arctan x-\int\frac{x}{1+x^2}dx=x\arctan x-\frac{1}{2}\ln(1+x^2)+C$$

通过以上例题我们总结一下选择 u 和 dv 的一般规律：可按照反三角函数、对数函数、幂函数、三角函数、指数函数的顺序（简记为“反、对、幂、三、指”），把排在前面的那类函数选作 u，把排在后面的那类函数选作 dv。

分部积分法可以多次使用，而且熟练掌握后，可以不必写出 u 和 v 的具体形式，只要能将 $\int f(x)dx$ 化成 $\int udv$ 的形式即可。

例 5 求 $\int x^2\sin x dx$。

解：$\int x^2\sin x dx = \int x^2 d(-\cos x) = -x^2\cos x-\int(-\cos x)dx^2$

$$=-x^2\cos x+2\int x\cos x dx \text{（需要再使用一次分部积分法）}$$
$$=-x^2\cos x+2\left(x\sin x-\int\sin x dx\right)$$
$$=-x^2\cos x+2x\sin x+2\cos x+C$$

有些不定积分经过分部积分后，虽未能求出该积分，但又出现了与所求积分相同的形式，这时可以从等式中像解代数方程那样解出所求的积分来。如以下例题：

例 6 求 $\int e^x\sin x dx$。

解：$\int e^x\sin x dx = \int \sin x d(e^x) = e^x\sin x-\int e^x\cos x dx$

上式最后一个积分与原积分是同一个类型的，对它再用一次分部积分法，但要注意选择作为 u 的函数应该是同一类型的。所以

$$\int e^x\sin x dx = e^x\sin x-\int\cos x d(e^x)$$
$$=e^x\sin x-\left(e^x\cos x+\int e^x\sin x dx\right)$$
$$=e^x(\sin x-\cos x)-\int e^x\sin x dx$$

右端的不定积分与原积分相同，把它移到左端与原积分合并，再化简得

$$\int e^x\sin x dx=\frac{1}{2}e^x(\sin x-\cos x)+C$$

本例也可以设 $u=e^x$，得出同样的结果。

例7　求$\int \sec^3 x\mathrm{d}x$。

解：$\int \sec^3 x\mathrm{d}x = \int \sec x \cdot \sec^2 x\mathrm{d}x = \int \sec x\mathrm{d}(\tan x)$

$= \sec x\tan x - \int \tan x \cdot \sec x\tan x\mathrm{d}x$

$= \sec x\tan x - \int \sec x(\sec^2 x - 1)\mathrm{d}x$

$= \sec x\tan x - \int \sec^3 x\mathrm{d}x + \int \sec x\mathrm{d}x$

$= \sec x\tan x + \ln|\sec x + \tan x| - \int \sec^3 x\mathrm{d}x$

移项，再两端同时除以2，便得

$$\int \sec^3 x\mathrm{d}x = \frac{1}{2}\sec x\tan x + \frac{1}{2}\ln|\sec x + \tan x| + C$$

有些题目在积分过程中往往要同时使用换元积分法和分部积分法。如以下例题：

例8　求$\int e^{\sqrt{x+2}}\mathrm{d}x$。

解：我们首先需要先去掉根号，利用换元积分法，设$\sqrt{x+2} = t$，则$x = t^2 - 2$，$\mathrm{d}x = \mathrm{d}(t^2 - 2) = 2t\mathrm{d}t$，则

$$\int e^{\sqrt{x+2}}\mathrm{d}x = \int e^t \cdot 2t\mathrm{d}t = 2\int te^t\mathrm{d}t$$

此时再用分部积分法，利用例1的结果，并用$t = \sqrt{x+2}$代回，便得

$$\int e^{\sqrt{x+2}}\mathrm{d}x = 2\int te^t\mathrm{d}t = 2(t-1)e^t + C = 2(\sqrt{x+2} - 1)e^{\sqrt{x+2}} + C$$

1. 求下列不定积分

(1) $\int x\sin x\mathrm{d}x$　　(2) $\int x^2\ln x\mathrm{d}x$

(3) $\int \arcsin x\mathrm{d}x$　　(4) $\int xe^{-x}\mathrm{d}x$

(5) $\int x\arctan x\mathrm{d}x$　　(6) $\int e^{\sqrt[3]{x}}\mathrm{d}x$

(7) $\int e^{-x}\cos x\mathrm{d}x$　　(8) $\int \frac{x^2\mathrm{d}x}{\sqrt{a^2 - x^2}}\ (a > 0)$

2. 试用两种方法来求解$\int e^x\sin x\mathrm{d}x$。

PPT

第四节　查表求积分

由前面的内容可知，积分的计算要比导数（微分）的计算更为灵活和复杂。为了实用和方

便，把常用的积分公式汇集成表，叫做积分表。积分表是按照被积函数的类型来排列的，在求解某些积分时，可以根据被积函数的类型直接或经过简单变形后，从表中直接查找出结果。

一、积分表

附录中涵盖了部分积分表内容，以供查阅。

二、积分表的使用

例1 求$\int\frac{x}{(5+4x)^2}dx$。

解：被积函数中含有$a+bx$，由附录部分积分表（一）中的公式7，得

$$\int\frac{x}{(5+4x)^2}dx=\frac{1}{16}\left(\ln|5+4x|+\frac{5}{5+4x}\right)+C$$

例2 求$\int\frac{x}{\sqrt{3x+1}}dx$。

解：被积函数中含有$\sqrt{a+bx}$，由附录部分积分表（二）中的公式13，得

$$\int\frac{x}{\sqrt{3x+1}}dx=\frac{2(3x-2)\sqrt{3x+1}}{27}+C$$

例3 求$\int x\arctan\frac{x}{2}dx$。

解：被积函数中含有反三角函数，由附录部分积分表（十）中的公式70，得

$$\int x\arctan\frac{x}{2}dx=\frac{1}{2}(4+x^2)\arctan\frac{x}{2}-x+C$$

例4 求$\int\frac{\cos 2x}{5e^{3x}}dx$。

解：被积函数中含有指数函数，由附录部分积分表（十一）中的公式76可知，需要把被积函数变形后才能使用公式。于是

$$\int\frac{\cos 2x}{5e^{3x}}dx=\frac{1}{5}\int e^{-3x}\cos 2x dx=\frac{1}{5}\cdot\frac{1}{(-3)^2+2^2}e^{-3x}(2\sin 2x-3\cos 2x)+C$$

$$=\frac{1}{65}e^{-3x}2\sin 2x-3\cos 2x)+C$$

例5 求$\int\frac{dx}{x\sqrt{9x^2+4}}$。

解：被积函数中含有$\sqrt{x^2\pm a^2}$，由附录部分积分表（五）中的公式34可知，这个积分不能在积分表中直接查得，需要先进行等量代换。于是

令$3x=u$，则$\sqrt{9x^2+4}=\sqrt{u^2+2^2}$，$x=\frac{1}{3}u$，$dx=\frac{1}{3}du$，所以

$$\int\frac{dx}{x\sqrt{9x^2+4}}=\int\frac{\frac{1}{3}du}{\frac{1}{3}u\sqrt{u^2+2^2}}=\int\frac{du}{u\sqrt{u^2+2^2}}=\frac{1}{2}\ln\frac{\sqrt{u^2+2^2}-2}{|u|}+C$$

再把$u=3x$代入，最后得到

$$\int \frac{\mathrm{d}x}{x\sqrt{9x^2+4}}=\frac{1}{2}\ln\frac{\sqrt{9x^2+4}-2}{3|x|}+C$$

一般情况下，查表计算积分可以节省时间，但是，只有掌握了前面学过的基本积分方法才能灵活地使用积分表，而且对于一些比较简单的积分，应用基本积分方法来计算会比查表更快些，例如，对$\int \cos^2 x\sin x\mathrm{d}x$，用“凑微分”的方法很快就能得到结果。所以，求积分时究竟是直接计算，还是查表，或者两者结合使用，应该具体问题具体分析，不能一概而论。

习题5-4

查表计算下列不定积分

(1) $\int \frac{1}{4x^2-9}\mathrm{d}x$　　(2) $\int \sqrt{2x^2+9}\,\mathrm{d}x$

(3) $\int e^{2x}\cos x\mathrm{d}x$　　(4) $\int x\arcsin\frac{x}{2}\mathrm{d}x$

(5) $\int \ln x\mathrm{d}x$　　(6) $\int \frac{1}{x\sqrt{x^2-1}}\mathrm{d}x$

本章小结

本章我们一起学习了积分学中不定积分的相关知识，包括原函数、不定积分的概念、性质及其关系，22个基本积分公式和2个运算法则，以及不定积分的四种求解方法，即：直接积分法、第一类换元积分法、第二类换元积分法、分部积分法。了解查表法求积分的方法。其中的重点和难点是熟练应用常用的积分公式和法则，选取合适的积分求解方法来求解各种类型的不定积分。在计算时，特别强调不要漏掉此式$\int f(x)\mathrm{d}x=F(x)+C$等号右边的积分常数$C$。

复习课

题库

第六章　定积分及其应用

学习目标

知识目标

1. 掌握定积分的性质，应用牛顿莱布尼茨公式计算定积分，定积分的换元积分法和分部积分法。

2. 熟悉微积分基本定理，定积分的概念和几何意义。

3. 了解定积分的元素法及其求解实际应用问题。

技能目标

1. 能运用牛顿莱布尼茨公式求定积分。

2. 能运用定积分的性质解决实际问题。

积分作为微分运算的逆运算，包括不定积分和定积分两种，本章我们将阐明定积分的概念、基本性质及其应用。积分学起源于解决一系列实际问题的过程，比如，曲边梯形面积的计算、变力作功的计算及物体质心的计算等。这些问题实质上不同，但他们的最后解决从数量关系来看，数学结构是相同的，基本思想都是通过有限逼近无限。

第一节　定积分的概念与性质

PPT

微课

一、定积分问题实例分析

（一）曲梯形边（图 6－1）的面积

设 $y=f(x)$ 为闭区间 $[a,\ b]$ 上的连续函数，由曲线 $y=f(x)$，$(f(x)>0)$，直线 $x=a$，$x=b$，以及 x 轴所围成的平面图形称为曲边梯形，如图 6－1 所示。如何求此曲边梯形的面积 A 呢？

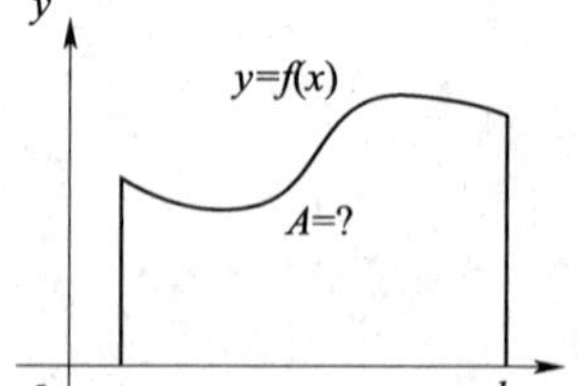

图 6－1

我们知道矩形的面积＝底×高，但是曲边梯形的面积不能用这个公式进行计算，因为它各处的高是不同的，如果近似成矩形计算，误差很大。由于 $f(x)$ 在 $[a,\ b]$ 上是连续曲线，将曲边梯形分成 n 个小长条（图 6－2），每一个小长条用相应的矩形去代替，把 n 个矩形的面积加起来，就近似等于曲边梯形的面积 A。当 n 取得越多，分割得越细，窄曲边梯形近似为窄矩形程度就越好，再取“极限”就是面积 A，为了便于掌握，下面分四个步骤进行计算。

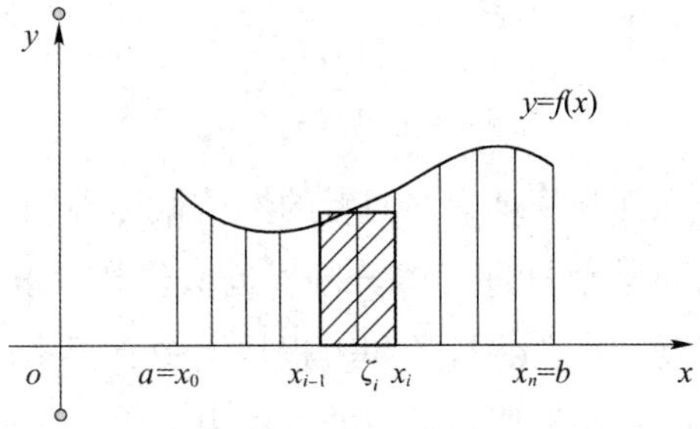

图 6-2

1. 分割（化整为零）　在区间 $[a, b]$ 内任取若干分点：$a=x_0<x_1<x_2<x_3<\cdots<x_{n-1}<x_n=b$ 把区间 $[a, b]$ 分成 n 个小区间：$[x_0, x_1]$，$[x_1, x_2]$，⋯ $[x_{i-1}, x_i]$，⋯ $[x_{n-1}, x_n]$，区间的长度分别记为 Δx_1，Δx_2，⋯，Δx_i，⋯，Δx_n，过每个分点作平行于 y 轴的直线段，把曲边梯形分成 n 个小曲边梯形，设它们的面积依次为 ΔA_i（$i=1, 2, \cdots, n$）。

2. 近似代替（以直代曲）　在每个小区间 $[x_{i-1}, x_i]$ 上任取一点 $\zeta_i(x_{i-1}\leqslant\zeta_i\leqslant x_i)$，以小区间的长度 $\Delta x_i(i=1, 2, \cdots, n)$ 为底，以函数 $f(\zeta_i)$ 为高作小矩形，则第 i 个小曲边梯形的面积 ΔA_i 可近似地表示为 $\Delta A_i\approx f(\zeta_i)\Delta x_i$（$i=1, 2, \cdots, n$）。

3. 求和（求曲边梯形面积的近似值）　把这些小矩形的面积相加，其和为曲边梯形面积 A 的近似值，即 $A\approx f(\zeta_1)\Delta x_1+f(\zeta_2)\Delta x_2+\cdots+f(\zeta_i)\Delta x_i+\cdots+f(\zeta_n)\Delta x_n=\sum_{i=1}^{n}f(\zeta_i)\Delta x_i$。

4. 取极限（积零为整）　不难想到，当分割越来越细（即 n 越来越大，同时最长的子区间 λ 长度越来越小时），n 个矩形的面积和就越来越接近于原曲边梯形的面积。记 $\lambda=\max\{\Delta x_1, \Delta x_2, \cdots, \Delta x_n\}$，对上式取极限，当 $\lambda\to 0$ 时，$A=\lim_{\lambda\to 0}\sum_{i=1}^{n}f(\zeta_i)\Delta x_i$。

（二）变速直线运动质点的路程

设某质点作直线运动，其速度 v 是时间 t 的连续函数 $v=v(t)$。试求该质点从时刻 $t=a$ 到时刻 $t=b$ 一段时间内所经过的路程 s。

因为 $v=v(t)$ 是变量，$v(t)\geqslant 0$，我们不能直接用时间乘速度来计算路程。但我们仍可以用类似于计算曲边梯形面积的方法与步骤来解决所述问题。

1. 分割

$$a=t_0<t_1<t_2<\cdots<t_{n-1}<t_n=b$$

把时间区间 $[a, b]$ 任意分成 n 个子区间（图 6-3）：

$$[t_0, t_1], [t_1, t_2], \cdots, [t_{n-1}, t_n].$$

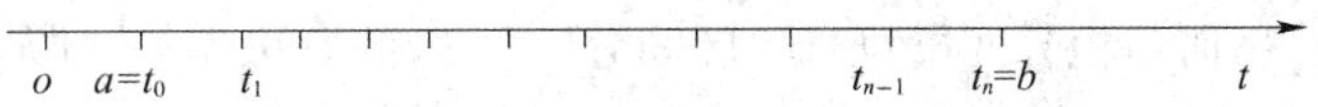

图 6-3

2. 近似代替　每个子区间的长度为 $\Delta t_i=t_i-t_{i-1}(i=1, 2, \cdots n)$，在每个子区间 $[t_{i-1}, t_i]$（$i=1, 2, \cdots n$）上任取一点 τ_i，每个小区间质点的路程近似为

$$\Delta s_i\approx v(\tau_i)\Delta t_i$$

3. 求和　把这些小区间上质点的位移相加，其和为质点在时间 $[a, b]$ 距离 S 的近似值，即

$$s\approx\sum_{i=1}^{n}v(\tau_i)\Delta t_i$$

4. 取极限　当分点的个数无限地增加，最长的子区间 $\lambda=\max\{\Delta t_1, \Delta t_2, \cdots, \Delta t_n\}$ 的长度趋

于零时就有

$$s=\lim_{\lambda\to 0}\sum_{i=1}^{n}v(\tau_i)\Delta t_i$$

以上两个问题分别来自于几何与物理中，两者的性质截然不同，但是确定它们的量所使用的数学方法是一样的，即归结为对某个量进行“分割、近似代替、求和、取极限”，或者说都转化为具有特定结构和式的极限问题，在自然科学和工程技术中有很多问题，如变力沿直线作功，物质曲线的质量、平均值、弧长等，都需要用类似的方法去解决，从而促使人们对这种和式的极限问题加以抽象的研究，由此产生了定积分的概念。

二、定积分的概念与几何意义

（一）定积分的概念

设函数按$f(x)$ 在区间上有定义且有界，在［a，b］中任意插入（$n-1$）个分点将区间［a，b］分成n分小区间［x_0，x_1］，［x_1，x_2］，…［x_{i-1}，x_i］，…［x_{n-1}，x_n］，这些小区间的长度记为$\Delta x_i=x_i-x_{i-1}$（$i=1，2，…，n$），在每一个小区间上任取一点$\zeta_i\in[x_{i-1}, x_i]$，作和式$\sum_{i=1}^{n}f(\zeta_i)\Delta x_i$，记$\lambda=\max\{\Delta x_1, \Delta x_2, \cdots, \Delta x_n\}$，若极限$\lim_{\lambda\to 0}\sum_{i=1}^{n}f(\zeta_i)\Delta x_i$ 存在，则称函数$f(x)$ 在区间［a，b］上可积，并称此极限值为函数$f(x)$ 在［a，b］的定积分，记作$\int_a^b f(x)\mathrm{d}x$，即$\int_a^b f(x)\mathrm{d}x=\lim_{\lambda\to 0}\sum_{i=1}^{n}f(\zeta_i)\Delta x_i$。

其中，x称为积分变量，$f(x)$ 称为被积函数，$f(x)\mathrm{d}x$称为被积表达式，［a，b］称为积分区间，a为积分下限，b为积分上限。可见，定积分是特殊和式的极限。如果函数$f(x)$ 在［a，b］上的定积分存在，就称$f(x)$ 在［a，b］上可积，否则就称不可积。根据定积分的定义，本节引例中曲边梯形的面积可以表示为$A=\int_a^b ef(x)\mathrm{d}x$。

关于定积分的概念，说明几点：

（1）区间［a，b］划分的细密程度不能仅由分点个数的多少或n的大小来确定。因为尽管n很大，但每一个子区间的长度却不一定都很小。所以在求和式的极限时，必须要求最长的子区间的长度$\lambda\to 0$，这时必然有$n\to\infty$。

（2）定积分$\int_a^b f(x)\mathrm{d}x$是乘积和的极限。它是一个确定的值，仅取决于具体的函数$f(x)$和确定的积分区间［a，b］，而与积分变量符号、区间分法和ζ_i的取法无关。即

$$\int_a^b f(x)\mathrm{d}x=\int_a^b f(t)\mathrm{d}t=\int_a^b f(u)\mathrm{d}u$$

（3）对$a<b$的情形定义了积分$\int_a^b f(x)dx$，为了今后使用方便，对$a=b$与$a>b$的情况作如下补充规定：

当$a=b$时，规定$\int_a^b f(x)\ \mathrm{d}x=0$；

当$a>b$时，规定$\int_a^b f(x)\ \mathrm{d}x=-\int_b^a f(x)\mathrm{d}x$。

（二）定积分的几何意义

从引例中，当$f(x)\geqslant 0$时，定积分$\int_a^b f(x)\,\mathrm{d}x$在几何上表示由曲线$y=f(x)$及直线$x=a$，$x=b$和$x$轴所围成的曲边梯形的面积（图6－4）。当$f(x)\leqslant 0$时，曲边梯形在$x$轴的下方，定积分$\int_a^b f(x)\,\mathrm{d}x$在几何上表示上述曲边梯形面积的负值（图6－5）。当$f(x)$在$[a,b]$上有正、有负时，则定积分$\int_a^b f(x)\,\mathrm{d}x$在几何上表示：曲线$y=f(x)$，直线$x=a$，$x=b$及$x$轴所围成的各部分曲边梯形面积的代数和。

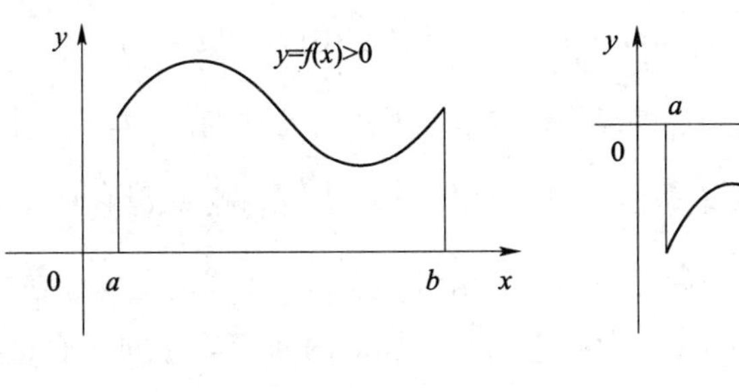

图6－4　　图6－5

当$f(x)$在$[a,b]$上有正、有负时，则定积分$\int_a^b f(x)\mathrm{d}x$在几何上表示：曲线$y=f(x)$，直线$x=a$，$x=b$及x轴所围成的各部分曲边梯形面积的代数和（图6－6），有$\int_a^b f(x)\,\mathrm{d}x=A_1-A_2+A_3$。

例1　利用定积分的几何意义说明：$\int_a^b \mathrm{d}x=b-a\ (a<b)$。

分析：这里被积函数$f(x)=1$，根据定积分的几何意义，观察易得此积分表示底为$b-a$，高为1的矩形的面积（图6－7），所以有

$$\int_a^b \mathrm{d}x=b-a$$

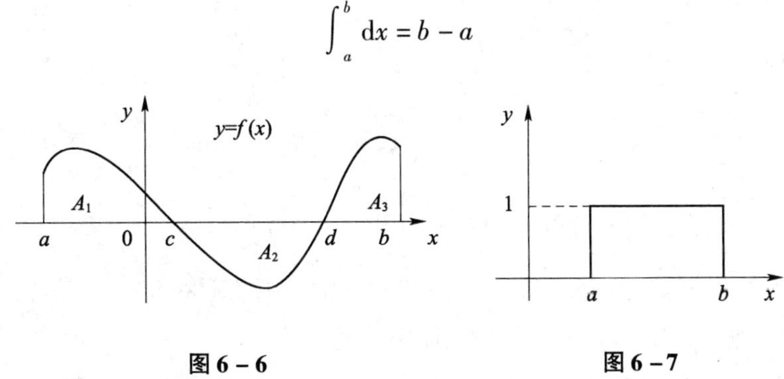

图6－6　　图6－7

三、定积分的性质

根据定积分的定义，容易得到$\int_a^b f(x)\,\mathrm{d}x=-\int_b^a f(x)\,\mathrm{d}x$，$\int_a^a f(x)\,\mathrm{d}x=0$。

设$f(x)$和$g(x)$在$[a,b]$上连续，根据定积分的定义和几何意义，容易得到定积分的如下性质：

1. $\int_a^b [f(x)\pm g(x)]\,\mathrm{d}x=\int_b^a f(x)\,\mathrm{d}x\pm\int_b^a g(x)\,\mathrm{d}x$

2. $\int_a^b kf(x)\mathrm{d}x = k\int_b^a f(x)\mathrm{d}x$

3. 定积分对区间的可加性，把［a，b］分成［a，c］和［c，b］

$$\int_a^b f(x)\mathrm{d}x = \int_a^c f(x)\mathrm{d}x + \int_c^b f(x)\mathrm{d}x$$

4. 若在［a，b］上$f(x)\leqslant g(x)$，则$\int_a^b f(x)\mathrm{d}x \leqslant \int_a^b g(x)\mathrm{d}x$

5. $\left|\int_a^b f(x)\mathrm{d}x\right| \leqslant \int_a^b |f(x)|\mathrm{d}x$

6.（估值定理）设$f(x)$在［a，b］上的最大值为M，最小值为m，则

$$m(b-a) \leqslant \int_a^b f(x)\mathrm{d}x \leqslant M(b-a)$$

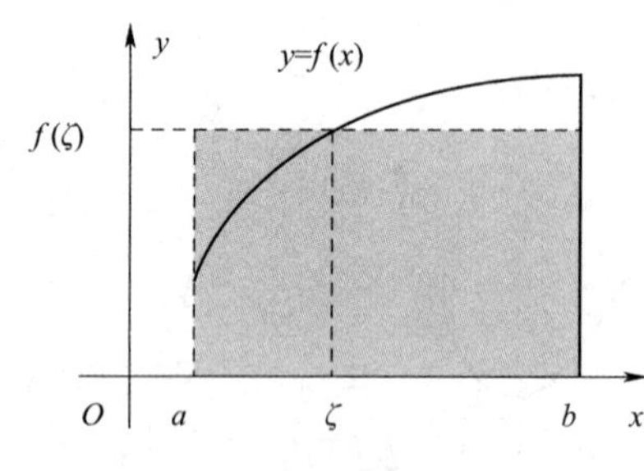

图 6－8

7.（积分中值定理）若$f(x)$在［a，b］上连续，则在［a，b］上至少存在一点ζ，使得$\int_a^b f(x)\mathrm{d}x = f(\zeta)(b-a)$（$b\leqslant\zeta\leqslant a$）

几何解释：在区间［a，b］上至少存在一点ζ，以曲线$y=f(x)$为曲边的曲边梯形的面积等于同一底边而高为$f(\zeta)$的一个矩形的面积（图 6－8）。

习题 6－1

一、选择题

1. 在“近似代替”中，函数$f(x)$在区间［x_i，x_{i+1}］上的近似值（　　）

A. 可以是左端点的函数值$f(x_i)$

B. 可以是右端点的函数值$f(x_{i+1})$

C. 可以是该区间内的任一函数值$f(\zeta_i)$（$\zeta_i\in[x_i, x_{i+1}]$）

D. 以上均正确

2. $\dfrac{\mathrm{d}}{\mathrm{d}x}\int_a^b \arctan x\mathrm{d}x =$（　　）

A. $\arctan x$　　B. $\dfrac{1}{1+x^2}$　　C. $\arctan b - \arctan a$　　D. 0

3. 设$I=\int_a^b f(x)\mathrm{d}x$，据定积分的几何意义可知（　　）

A. I是由曲线$y=f(x)$及直线$x=a$，$x=b$与x轴所围图形的面积，所以$I>0$

B. 若$I=0$，则上述图形面积为零，从而图形的“高”$f(x)=0$

C. I是曲线$y=f(x)$及直线$x=a$，$x=b$与x轴之间各部分面积的代数和

D. I是曲线$y=f(x)$及直线$x=a$，$x=b$与x轴所围成图形的面积

4. 设连续函数$f(x)>0$，则当$b<a$时，定积分$\int_a^b f(x)\mathrm{d}x$的符号（　　）

A. 一定是正的

B. 一定是负的

C. 当$0<a<b$时是正的，当$a<b<0$时是负的

D. 以上结论都不对

5. 以下结论不正确的是（　　）

A. $\int_a^a f(x)\mathrm{d}x = 0$

B. $\int_a^b [f(x) + g(x)]\ \mathrm{d}x = \int_a^b f(x)\mathrm{d}x + \int_a^b g(x)\mathrm{d}x$

C. $\int_a^b kf(x)\mathrm{d}x = k\int_b^a f(x)\mathrm{d}x$

D. $\int_a^b f(x)\mathrm{d}x = \int_a^c f(x)\mathrm{d}x + \int_c^b f(x)\mathrm{d}x$

二、用图形表示下列定积分

1. $\int_0^1 x^2\mathrm{d}x$　　2. $\int_0^1 \ln x\mathrm{d}x$　　3. $\int_{-1}^0 e^x\mathrm{d}x$

三、利用分割，近似代替、求和、取极限的办法求函数 $y = 1 + x$，$x = 1$，$x = 2$ 的图像与 x 轴围成梯形的面积。并用梯形的面积公式加以验证。

第二节　微积分基本定理

PPT

我们讲过用定积分定义计算定积分，但其计算过程比较复杂，所以不是求定积分的一般方法。因此，必须寻求计算定积分的新方法，也是比较一般的方法。先引入一个新的概念。

一、积分上限函数及微积分基本定理

（一）积分上限函数的概念

设函数 $f(x)$ 在区间 $[a, b]$ 上可积，则对每个 $x\in[a, b]$，$f(x)$ 在 $[a, x]$ 上的定积分 $\int_a^x f(t)\mathrm{d}x$ 都存在，也就是说有唯一确定的积分值与 x 对应，从而在 $[a, b]$ 上定义了一个新的函数，它是上限 x 的函数，记作 $\Phi(x)$，即

$$\Phi(x) = \int_a^x f(t)\mathrm{d}t,\ x\in[a, b]$$

这种积分上限为变量的定积分称为积分上限函数。

这里 x 即表示积分变量，又表示积分上限，为了避免混淆，把积分变量改用 t 表示。积分变上限函数 $\Phi(x)$ 的几何意义：右侧直边可以平行移动的曲边梯形的面积（图 6－9）。

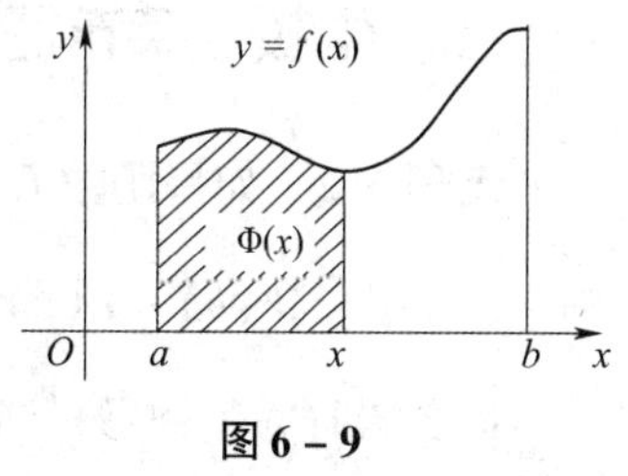

图 6－9

（二）微积分基本定理

定理 6.1　如果函数 $f(x)$ 在区间 $[a, b]$ 上连续，则积分上限函数 $\Phi(x) = \int_a^x f(t)\mathrm{d}t$ 在区间 $[a, b]$ 上可导，并且它的导数是

$$\Phi'(x) = \frac{\mathrm{d}}{\mathrm{d}x}\int_a^x f(t)\mathrm{d}t = f(x),\ (a\leqslant x\leqslant b)$$

即 $\Phi(x) = \int_a^x f(t)\mathrm{d}t$ 是 $f(x)$ 在区间 $[a, b]$ 上的一个原函数。定理 6.1 揭示了导数与积分的

关系，所以该定理为微积分基本定理。

证：任取 $x\in[a,b]$ 及 $\Delta x\neq 0$，使 $x+\Delta x\in[a,b]$。应用积分对区间的可加性及积分中值定理，有

$$\Delta\Phi=\Phi(x+\Delta x)-\Phi(x)=\int_x^{x+\Delta x}f(t)\,\mathrm{d}t=f(x+\theta\Delta x)\Delta x,$$

或

$$\frac{\Delta\Phi}{\Delta x}=f(x+\theta\Delta x)\quad(0\leqslant\theta\leqslant 1)$$

由于 $f(x)$ 在 $[a,b]$ 上连续

$$\lim_{\Delta x\to 0}f(x+\theta\Delta x)=f(x)$$

故在上式中令 $\Delta x\to 0$ 取极限，得

$$\lim_{\Delta x\to 0}\frac{\Delta\Phi}{\Delta x}=f(x)$$

所以 $\Phi(x)$ 在 $[a,b]$ 上可导，且 $\Phi'(x)=f(x)$。由 $x\in[a,b]$ 的任意性推知 $\Phi(x)$ 就是 $f(x)$ 在 $[a,b]$ 上的一个原函数。

本定理回答了我们自第五章以来一直关心的原函数的存在问题，它明确地告诉我们：连续函数必有原函数，并以变上限积分的形式具体地给出了连续函数 $f(x)$ 的一个原函数。

例 2 求 $\frac{\mathrm{d}}{\mathrm{d}x}\left[\int_0^x\cos^2 t\,\mathrm{d}t\right]$。

解：根据微积分基本定理，得

$$\Phi'(x)=\frac{\mathrm{d}}{\mathrm{d}x}\int_0^x\cos^2\mathrm{d}t=\cos^2 x$$

例 3 求 $\frac{\mathrm{d}}{\mathrm{d}x}\left[\int_0^{x^2}\sin(1+e^t)\,\mathrm{d}t\right]$。

解：根据微积分基本定理，得

$$\Phi'(x)=\left(\int_0^{x^2}\sin(1+e^t)\,\mathrm{d}t\right)'=\sin(1+e^{x^2})\cdot 2x=2x\sin(1+e^{x^2})$$

二、牛顿－莱布尼茨公式

微课

定理 6.2 如果函数 $f(x)$ 在 $[a,b]$ 上连续，$F(x)$ 为 $f(x)$ 在区间 $[a,b]$ 上的一个原函数，则 $\int_a^b f(x)\,\mathrm{d}x=F(b)-F(a)$。

此公式称为牛顿-莱布尼茨公式（Newton－Leibniz 公式，N－L 公式），也称为微积分基本公式。常记作

$$\int_a^b f(x)\,\mathrm{d}x=F(x)\Big|_a^b=F(b)-F(a)$$

证：根据微积分学基本定理，$\int_a^x f(t)\,\mathrm{d}t$ 是 $f(x)$ 在 $[a,b]$ 上的一个原函数，因为两个原函数之差是一个常数，所以

$$\int_a^x f(t)\,\mathrm{d}t=F(x)+C,\qquad x\in[a,b]$$

上式中令 $x=a$，得 $C=-F(a)$，于是

$$\int_a^x f(t)\,\mathrm{d}t = F(x) - F(a)$$

再令 $x = b$，即

$$\int_a^b f(x)\,\mathrm{d}x = [F(x)]_a^b，或 \int_a^b f(x)\,\mathrm{d}x = F(x)\big|_a^b$$

牛顿－莱布尼茨公式把定积分的计算问题归结为被积函数的原函数在上、下限处函数值之差的问题，从而巧妙地避开了求和式极限的艰难道路，为运算定积分计算普遍存在的总量问题另辟坦途。

例 4　求 $\int_0^1 (x^2+1)\,\mathrm{d}x$。

解　$\int_0^1 (x^2+1)\,\mathrm{d}x = \left(\frac{1}{3}x^3 + x\right)\Big|_0^1 = \frac{1}{3} + 1 = \frac{4}{3}$

例 5　求 $\int_{-4}^3 |x-1|\,\mathrm{d}x$。

解　$\int_{-4}^3 |x-1|\,\mathrm{d}x = \int_{-4}^1 -(x-1)\,\mathrm{d}x + \int_1^3 (x-1)\,\mathrm{d}x = \left(x - \frac{x^2}{2}\right)\Big|_{-4}^1 + \left(\frac{x^2}{2} - x\right)\Big|_1^3 = \frac{29}{2}$

例 6　计算正弦曲线 $y = \sin x$ 在 $[0, \pi]$ 上与 x 轴所围成的平面图形的面积（图 6－10）。

$$\begin{aligned}\int_0^\pi \sin x\,\mathrm{d}x &= -\cos x\Big|_0^\pi \\ &= -(\cos\pi - \cos 0) \\ &= -\cos\pi + \cos 0 = 1 + 1 = 2\end{aligned}$$

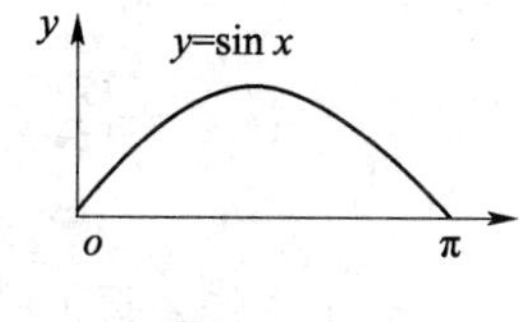

图 6－10

一、选择题

1. 设 $f(x)$ 在 $[a, b]$ 连续，$F(x) = \int_a^x f(t)\,\mathrm{d}t\,(a \leqslant x \leqslant b)$，则 $F(x)$ 是 $f(x)$ 的（　　）

A. 原函数的一般表示式

B. 一个原函数

C. 在 $[a, b]$ 上的积分与一个常数之差

D. 在 $[a, b]$ 上的定积分

2. $\frac{\mathrm{d}}{\mathrm{d}x}\int_a^x \sin t^2\,\mathrm{d}t =$（　　）

A. $\sin x^2 - \sin a^2$　　B. $2x\cos x^2$

C. $\sin x^2$　　D. $2x\sin x^2$

3. 设 $f(x)$ 为连续函数，且 $F(x) = \int_{\frac{1}{x}}^{\ln x} f(t)\,\mathrm{d}t$，则 $F'(x)$ 等于（　　）

A. $\frac{1}{x}f(\ln x) + \frac{1}{x^2}f\left(\frac{1}{x}\right)$　　B. $\frac{1}{x}f(\ln x) + f\left(\frac{1}{x}\right)$

C. $\frac{1}{x}f(\ln x) - \frac{1}{x^2}f\left(\frac{1}{x}\right)$　　D. $f(\ln x) - f\left(\frac{1}{x}\right)$

4. 若 $\int_0^k e^{2x}\,\mathrm{d}x = \frac{3}{2}$，则 $k =$（　　）

A. 1　　　　B. ln2　　　　C. 2　　　　D. $\frac{1}{2}\ln 2$

5. $\int_{-a}^{a} x\ [f(x)+f(-x)]\mathrm{d}x=$（　　）

A. $4\int_{0}^{a} xf(x)\mathrm{d}x$　　　　B. $2\int_{0}^{a} x[f(x)+f(-x)]\mathrm{d}x$

C. 0　　　　D. 以上都不正确

二、计算下列定积分

1. $\int_{0}^{1} x^2\mathrm{d}x$　　　　2. $\int_{-1}^{2} |x-1|\mathrm{d}x$

3. $\int_{0}^{4} \frac{\mathrm{d}x}{1+\sqrt{x}}$　　　　4. $\int_{-1}^{\sqrt{3}} \frac{\arctan x}{1+x^2}\mathrm{d}x$

三、画出曲线 $y=\frac{2}{x}$ 与直线 $y=x-1$ 及 $x=4$ 所围成的封闭图形，并且求其面积。

PPT

第三节　定积分的换元积分法与分部积分法

有了牛顿-莱布尼兹公式，我们总结出求定积分的步骤：先求出被积函数的一个原函数，再求原函数在上、下限处的函数值之差，有关定积分的计算问题就完全解决了。在定积分的计算中，除了应用 N-L 公式，我们还可以利用它的一些特有性质，如定积分的值与积分变量无关，积分对区间的可加性等，所以与不定积分相比，使用定积分的换元积分法与分部积分法会更加方便。

一、定积分的换元积分法

微课

定理 6.3　设函数 $f(x)$ 在 $[a, b]$ 上连续，函数 $x=\varphi(t)$ 在 I（$I=[\alpha, \beta]$ 或 $[\beta, \alpha]$）上有连续的导数，并且 $\varphi(\alpha)=a$，$\varphi(\beta)=b$，$a\leqslant\varphi(t)\leqslant b$（$t\in I$），则

$$\int_{a}^{b} f(x)\mathrm{d}x=\int_{\alpha}^{\beta} f[\varphi(t)]\varphi'(t)\mathrm{d}t$$

此式称为定积分的换元积分公式。

证：由于 $f(x)$ 与 $f[\varphi(t)]\ \varphi'(t)$ 皆为连续函数，所以它们存在原函数，设 $F(x)$ 是 $f(x)$ 在 $[a, b]$ 上的一个原函数，由复合函数导数的链式法则有

$$(F[\varphi(t)])'=F'(x)\varphi'(t)=f(x)\varphi'(t)=f[\varphi(t)]\ \varphi'(t),$$

可见 $F[\varphi(t)]$ 是 $f[\varphi(t)]\ \varphi'(t)$ 的一个原函数. 利用 N-L 公式，即得

$$\begin{aligned}\int_{\alpha}^{\beta} f[\varphi(t)]\ \varphi'(t)&=F[\varphi(t)]\ \Big|_{\alpha}^{\beta}=F[\varphi(\beta)]-F[\varphi(\alpha)]\\&=F(b)-F(a)\\&=\int_{a}^{b} f(x)\mathrm{d}x\end{aligned}$$

若从左到右使用公式（代入换元），换元时应注意同时换积分限。还要求换元 $x=\varphi(t)$ 应在单调区间上进行。当找到新变量的原函数后不必代回原变量而直接用 N-L 公式，这正是定积分换

元法的简便之处。若从右到左使用公式（凑微分换元），则如同不定积分第一换元法，可以不必换元，当然也就不必换积分限。

例 7　求 $\int_{0}^{\ln 2} e^{x}(1+e^{x})^{2}\mathrm{d}x$。

解：令 $e^{x}=t$，则 $x=\ln t$，$\mathrm{d}x=\frac{1}{t}\mathrm{d}t$，

当 $x=0$ 时，$t=1$；当 $x=\ln 2$ 时，$t=2$。

$$\int_{0}^{\ln 2} e^{x}(1+e^{x})^{2}\mathrm{d}x=\int_{1}^{2}(1+t)^{2}\mathrm{d}t=\frac{1}{3}(1+t)^{3}\Big|_{1}^{2}=\frac{27}{3}-\frac{8}{3}=\frac{19}{3}$$

例 8　求 $\int_{0}^{a}\sqrt{a^{2}-x^{2}}\mathrm{d}x,(a>0)$。

解：设 $x=a\sin t$，则 $x=0$ 时，$t=0$；$x=a$ 时，$t=\frac{\pi}{2}$ 且 $\mathrm{d}x=a\cos t\mathrm{d}t$

$$\int_{0}^{a}\sqrt{a^{2}-x^{2}}\mathrm{d}x=\int_{0}^{\frac{\pi}{2}} a\cos t a\cos t\mathrm{d}t=\int_{0}^{\frac{\pi}{2}} a^{2}\cos^{2}t\mathrm{d}t=\left(\frac{a^{2}}{2}t+\frac{\sin 2t}{2}\right)\Big|_{0}^{\frac{\pi}{2}}=\frac{\pi}{4}a^{2}$$

例 9　设 $f(x)$ 在区间 $[-a,a]$ 上连续，证明：

1. 如果 $f(x)$ 为奇函数，则 $\int_{-a}^{a} f(x)\mathrm{d}x=0$；

2. 如果 $f(x)$ 为偶函数，则 $\int_{-a}^{a} f(x)\mathrm{d}x=2\int_{0}^{a} f(x)\mathrm{d}x$。

证明：根据定积分的区间可加性有

$$\int_{-a}^{a} f(x)\mathrm{d}x=\int_{-a}^{0} f(x)\mathrm{d}x+\int_{0}^{a} f(x)\mathrm{d}x$$

对于积分 $\int_{-a}^{0} f(x)\mathrm{d}x$，作代换 $x=-t$，得

$$\int_{-a}^{0} f(x)\mathrm{d}x=-\int_{a}^{0} f(-t)\mathrm{d}t=\int_{0}^{a} f(-x)\mathrm{d}x$$

所以
$$\int_{-a}^{a} f(x)\mathrm{d}x=\int_{0}^{a}[f(x)+f(-x)]\mathrm{d}x$$

1. 如果 $f(x)$ 为奇函数，即 $f(-x)=-f(x)$，则

$$f(x)+f(-x)=f(x)-f(x)=0$$

于是
$$\int_{-a}^{a} f(x)\mathrm{d}x=0$$

2. 如果 $f(x)$ 为偶函数，即 $f(-x)=f(x)$，则

$$f(x)+f(-x)=f(x)+f(x)=2f(x)$$

于是
$$\int_{-a}^{a} f(x)\mathrm{d}x=2\int_{0}^{a} f(x)\mathrm{d}x$$

二、定积分的分部积分法

定理 6.4　若 $u(x)$，$v(x)$ 在 $[a,b]$ 上有连续的导数，则

$$\int_{a}^{b} u(x)v'(x)\mathrm{d}x=u(x)v(x)\Big|_{a}^{b}-\int_{a}^{b} v(x)u'(x)\mathrm{d}x$$

证：因为

$$[u(x)v(x)]'=u(x)v'(x)+u'(x)v(x),\ a\leqslant x\leqslant b$$

所以 $u(x)v(x)$ 是 $u(x)v'(x)+u'(x)v(x)$ 在 $[a,\ b]$ 上的一个原函数，应用N－L公式，得

$$\int_a^b [u(x)v'(x)+u'(x)v(x)]\mathrm{d}x = u(x)v(x)\Big|_a^b$$

利用积分的线性性质并移项即得定积分的分部积分公式，简写作

$$\int_a^b u\mathrm{d}v = uv\Big|_a^b - \int_a^b v\mathrm{d}u$$

例 10 计算 $\int_0^{\frac{\pi}{2}} x\sin x\mathrm{d}x$。

解：$\int_0^{\frac{\pi}{2}} x\sin x\mathrm{d}x = \int_0^{\frac{\pi}{2}} x\mathrm{d}(-\cos x) = -x\cos x\Big|_0^{\frac{\pi}{2}} + \int_0^{\frac{\pi}{2}} \cos x\mathrm{d}x$

$$= \int_0^{\frac{\pi}{2}} \cos x\mathrm{d}x = \sin x\Big|_0^{\frac{\pi}{2}} = 1$$

例 11 计算 $\int_0^1 xe^x\mathrm{d}x$。

解：令 $u=x$，$\mathrm{d}v=e^x\mathrm{d}x$，那么 $\mathrm{d}u=\mathrm{d}x$，$v=e^x$，有

$$\int_0^1 xe^x\mathrm{d}x = \int_0^1 x\mathrm{d}e^x = xe^x\Big|_0^1 - \int_0^1 e^x\mathrm{d}x = e - e^x\Big|_0^1 = 1$$

例 12 计算 $\int_0^1 e^{\sqrt{x}}\mathrm{d}x$。

解：令 $t=\sqrt{x}$，$\mathrm{d}x=2t\mathrm{d}t$，则

$$\int_0^1 e^{\sqrt{x}}\mathrm{d}x = 2\int_0^1 e^t t\mathrm{d}t = 2\int_0^1 t\mathrm{d}e^t = 2\left[(te^t)\Big|_0^1 - \int_0^1 e^t\mathrm{d}t\right] = 2\left(e - e^t\Big|_0^1\right) = 2$$

三、定积分的几个常用公式

设 $f(x)$、$g(x)$ 在相应区间上连续，则有：

1. 被积函数的常数因子可以提到定积分的符号外面，即

$$\int_a^b kf(x)\mathrm{d}x = k\int_a^b f(x)\mathrm{d}x,\ (k\text{ 为常数})$$

可推广到有限多个函数代数和的情形。

2. 积分上下限相同时，有 $\int_a^a f(x)\mathrm{d}x = 0$。

3. 函数和（差）的定积分等于它们定积分的和（差），即

$$\int_a^b [f(x)\pm g(x)]\mathrm{d}x = \int_a^b f(x)\mathrm{d}x \pm \int_a^b g(x)\mathrm{d}x$$

4. 如果在区间 $[a,b]$ 上 $f(x)\equiv C$，则

$$\int_a^b f(x)\mathrm{d}x = \int_a^b C\mathrm{d}x = C(b-a)$$

特别地，$C=1$ 时 $\int_a^b \mathrm{d}x = b-a$

5. （积分区间的可加性）如果积分区间 $[a,b]$ 被点 c 分成两个区间 $[a,c]$ 和 $[c,b]$，则在整个区间上的定积分等于这两个区间上定积分的和，即

$$\int_a^b f(x)\mathrm{d}x = \int_a^c f(x)\mathrm{d}x + \int_c^b f(x)\mathrm{d}x$$

注意：无论 a，b，c 的相对位置如何，总有上述等式成立。

6. 如果在区间 $[a, b]$ 上，$f(x) \geqslant 0$，则

$$\int_a^b f(x)\mathrm{d}x \geqslant 0 \ (a<b)$$

7. （定积分的单调性）如果在区间 $[a, b]$ 上，有 $f(x) \leqslant g(x)$，则

$$\int_a^b f(x)\mathrm{d}x \leqslant \int_a^b g(x)\mathrm{d}x, \ (a<b)$$

一、求下列定积分（换元法）

1. $\int_0^1 \frac{\arctan x}{1+x^2}\mathrm{d}x$　　2. $\int_0^a \sqrt{a^2-x^2}\,\mathrm{d}x$

3. $\int_0^{\frac{\pi}{2}} \sin^3 x\mathrm{d}x$　　4. $\int_{-\frac{\pi}{4}}^{\frac{\pi}{4}} \frac{x}{1+\cos x}\mathrm{d}x$

二、求下列定积分（分部积分法）

1. $\int_0^{\pi} x\cos x\mathrm{d}x$　　2. $\int_0^{\frac{\pi}{2}} x^2\sin x\mathrm{d}x$

3. $\int_0^{\frac{1}{2}} \arcsin x\mathrm{d}x$　　4. $\int_1^{e} \frac{\ln x}{\sqrt{x}}\mathrm{d}x$

三、试证：设 $f(x)$ 在区间 $[-a, a]$ 上可积，则 $\int_{-a}^{a} f(x)\mathrm{d}x = \int_0^a [f(x)+f(-x)]\mathrm{d}x$

第四节 定积分的应用举例

PPT

定积分的概念是在研究众多实际问题中形成的，是具有特定结构和式的极限。如果从实际问题中产生的量（几何量或物理量）在某区间 $[a, b]$ 上确定，当把 $[a, b]$ 分成若干个子区间后，在 $[a, b]$ 上的量 Q 等于各个子区间上所对应的部分量 ΔQ 之和（称量 Q 对区间具有可加性），最后能归结为“总和的极限”问题，都可以利用定积分计算出 Q。

一、定积分的元素法

定积分的元素法是在应用定积分的理论来分析和解决一些几何、物理中的问题时，需要将一个量表达成定积分的分析方法。

回忆曲边梯形的面积和变速直线运动位移均可归纳为分割、近似计算、求和、取极限四个步骤。设 $y=f(x) \geqslant 0 \ (x \in [a, b])$，如果说积分 $A=\int_a^b f(x)\mathrm{d}x$ 是以 $[a, b]$ 为底的曲边梯形的面积，则积分上限函数

$$A(x)=\int_a^x f(t)\,\mathrm{d}t$$

就是以［a，x］为底的曲边梯形的面积。而微分 $\mathrm{d}A(x)=f(x)\mathrm{d}x$ 表示点 x 处以 $\mathrm{d}x$ 为宽的小曲边梯形面积的近似值 $\Delta A\approx f(x)\mathrm{d}x$，$f(x)\mathrm{d}x$ 称为曲边梯形的面积元素。

在解决上述问题中所求的量有如下性质：

（1）所求 A 与变量 x 的区间［a，b］有关的量。

（2）A 对于区间[a，b]具有可加性，例如整个曲边梯形的面积等于所有小的曲边梯形面积的和。

（3）以 $f(\zeta_i)\Delta x_i$ 近似代替部分量 ΔA_i 时，他们只相差一比 Δx_i 高阶的无穷小，因此和式 $\sum\limits_{i=1}^{n}f(\zeta_i)\Delta x_i$ 的极限就是 A 的精确值，即

$$A=\int_a^b f(x)\,\mathrm{d}x$$

一般地，如果某一实际问题中的所求量 U 符合下列条件：

（1）U 是与一个变量 x 的变化区间［a，b］有关的量。

（2）U 对于区间［a，b］具有可加性。

（3）部分量 ΔU_i 的近似值可表示为 $f(\zeta_i)\Delta x_i$，那么这个量就可以用积分来表示。

即
$$U=\int_a^b f(x)\,\mathrm{d}x$$

用这一方法求一量值的方法称为元素法（或微元法）。

二、平面图形的面积

微课

定积分元素法在几何上的应用，解决平面图形的面积。

（一）直角坐标系下情形

（1）有曲线 $y=f(x)$［$f(x)\geqslant 0$］及直线 $x=a$，$x=b$（$a<b$）与 x 轴所围成的曲边梯形的面积 A（图 6－11）：

$$A=\int_a^b f(x)\,\mathrm{d}x$$

其中，$f(x)\mathrm{d}x$ 为面积元素 $\mathrm{d}A$。

（2）由曲线 $y=f(x)$ 与 $y=g(x)$，以及直线 $x=a$，$x=b$，（$a<b$）［$f(x)\geqslant g(x)$］所围成的图形面积 A（图 6－12）：

$$A=\int_a^b f(x)\,\mathrm{d}x-\int_a^b g(x)\,\mathrm{d}x=\int_a^b[f(x)-g(x)]\,\mathrm{d}x$$

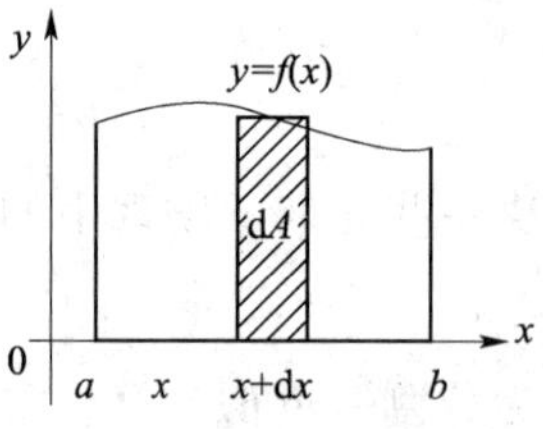

图 6－11

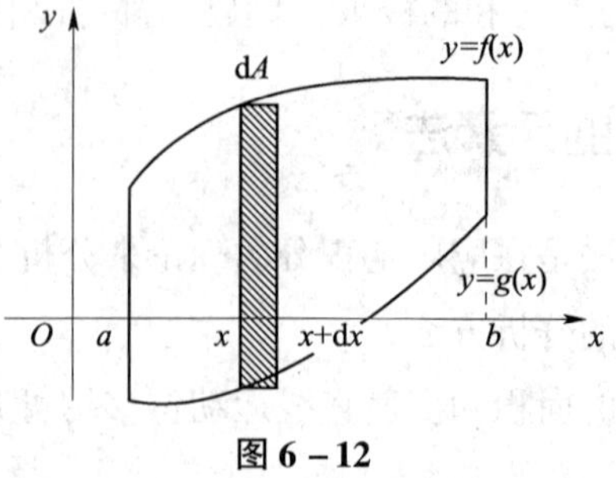

图 6－12

其中，$[f(x)-g(x)]\mathrm{d}x$ 为面积元素 $\mathrm{d}A$。

（3）由曲线 $x=f(y)$ 与 $x=g(y)$ 以及直线 $y=c$，$y=d$（$c<d$）［$f(y)\geqslant g(y)$］所围成的图形

面积 A（图 6－13）：

$$A=\int_c^d[f(y)-g(y)]\mathrm{d}y$$

其中，$[f(y)-g(y)]\mathrm{d}y$ 为面积元素 $\mathrm{d}A$。

例13　求由两条抛物线 $y^2=x$，$y=x^2$ 所围图形（图 6－14）的面积。

解：$\begin{cases}y^2=x\\ y=x^2\end{cases}$，解得 $x=0$ 及 $x=1$。

所围的面积为

$$A=\int_0^1(\sqrt{x}-x^2)\ \mathrm{d}x=\left[\frac{2}{3}x^{\frac{3}{2}}-\frac{1}{3}x^3\right]_0^1=\frac{1}{3}$$

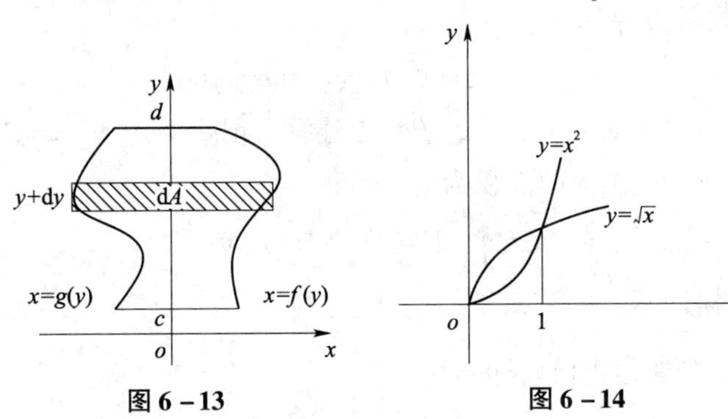

图 6－13　　　**图 6－14**

例 14　求由抛物线 $y^2=2x$ 与直线 $y=x-4$ 所围图形（图 6－15）的面积。

解：$\begin{cases}y^2=2x\\ y=x-4\end{cases}$，解得曲线与直线的交点（2，－2）和（8，4）。

以 x 为积分变量，则所求面积为

$$A=\int_0^2[\sqrt{2x}-(-\sqrt{2x})]\mathrm{d}x+\int_2^8[\sqrt{2x}-(x-4)]\mathrm{d}x$$

$$=2\sqrt{2}\cdot\frac{2}{3}x^{\frac{3}{2}}\Big|_0^2+\left[\sqrt{2}\frac{2}{3}x^{\frac{3}{2}}-\frac{x^2}{2}+4x\right]_2^8=18$$

若以 y 为积分变量，则

$$A=\int_{-2}^4\left(y+4-\frac{y^2}{2}\right)dy=\left[\frac{y^2}{2}+4y-\frac{y^3}{6}\right]_{-2}^4=18$$

从例 14 看出，适当选取积分变量，会给计算带来方便。

例 15　求椭圆$\frac{x^2}{a^2}+\frac{y^2}{b^2}=1$ 的面积（图 6－16）。

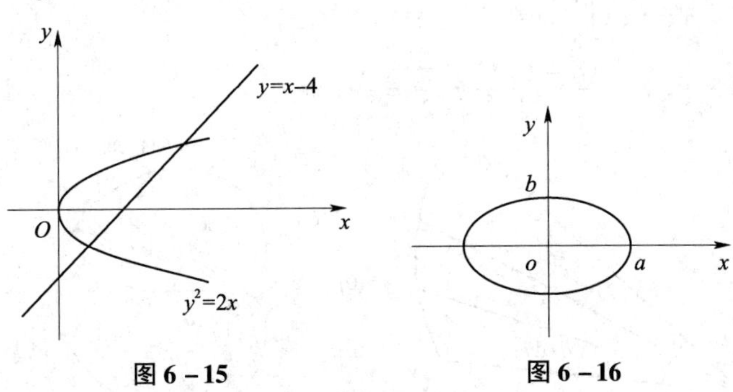

图 6－15　　　**图 6－16**

解：由于椭圆关于 x 轴与 y 轴都是对称的，故它的面积是位于第一象限内的面积的 4 倍。

$$A=4\int_0^a y\mathrm{d}x=4\int_0^a \frac{b}{a}\sqrt{a^2-x^2}\,\mathrm{d}x$$

$$=\frac{4b}{a}\left[\frac{x}{2}\sqrt{a^2-x^2}+\frac{a^2}{2}\arcsin\frac{x}{a}\right]_0^a=\pi ab$$

在例 15 中，若写出椭圆的参数方程

$$\begin{cases}x=a\cos t\\ y=b\sin t\end{cases}\qquad(0\leqslant t\leqslant 2\pi)$$

应用换元公式得

$$A=4\int_{\frac{\pi}{2}}^{0} b\sin t(-a\sin t)\,\mathrm{d}t=4ab\int_0^{\frac{\pi}{2}}\sin^2 t\mathrm{d}t$$

$$=4ab\cdot\frac{\pi}{4}=\pi ab$$

一般地，若曲线由参数方程

$$x=\varphi(t),\ y=\psi(t)\qquad(\alpha\leqslant t\leqslant\beta)$$

给出，其中 $\varphi(t)$，$\psi(t)$ 及 $\varphi'(t)$ 在 $[\alpha,\ \beta]$ 上连续，记 $\varphi(\alpha)=a$，$\varphi(\beta)=b$，则由此曲线与两直线 $x=a$，$x=b$ 及 x 轴所围图形的面积为

$$A=\int_\alpha^\beta\left|\psi(t)\right|\psi'(t)\ \mathrm{d}t$$

（二）极坐标系下情形

设围成平面图形的一条曲边由极坐标方程

$$r=r(\theta)\qquad(\alpha\leqslant\theta\leqslant\beta)$$

其中 $r(\theta)$ 在 $[\alpha,\ \beta]$ 上连续，$\beta-\alpha\leqslant 2\pi$。由曲线 $r=r(\theta)$ 与两条射线 $\theta=\alpha$，$\theta=\beta$ 所围成的图形称为曲边扇形（图 6－17）。应用元素法：取极角 θ 为积分变量，其变化区间为 $[\alpha,\ \beta]$ 相应于任一子区间 $[\theta,\ \theta+d\theta]$ 的小曲边扇形面积近似于半径为 r（θ），中心角为 $d\theta$ 的圆扇形面积，从而得曲边扇形的面积元素

$$\mathrm{d}A=\frac{1}{2}r^2(\theta)\mathrm{d}\theta$$

所求面积为

$$A=\frac{1}{2}\int_\alpha^\beta r^2(\theta)\mathrm{d}\theta$$

例 16 计算心脏线 $r=a(1+\cos\theta)\,(a>0)$ 所围成的图形面积（图 6－18）。

解：由于心脏线关于极轴对称，则

$$A=2\int_0^\pi\frac{1}{2}a^2\ (1+\cos\theta)^2\mathrm{d}\theta=a^2\int_0^\pi\left(2\cos^2\frac{\theta}{2}\right)^2\mathrm{d}\theta$$

$$=4a^2\int_0^\pi\cos^4\frac{\theta}{2}\mathrm{d}\theta$$

令 $\frac{\theta}{2}=t$，则 $\quad A=8a^2\int_0^{\frac{\pi}{2}}\cos^4 t\mathrm{d}t$

$$=8a^2\frac{(4-1)!!}{4!!}\cdot\frac{\pi}{2}=\frac{3}{2}a^2\pi$$

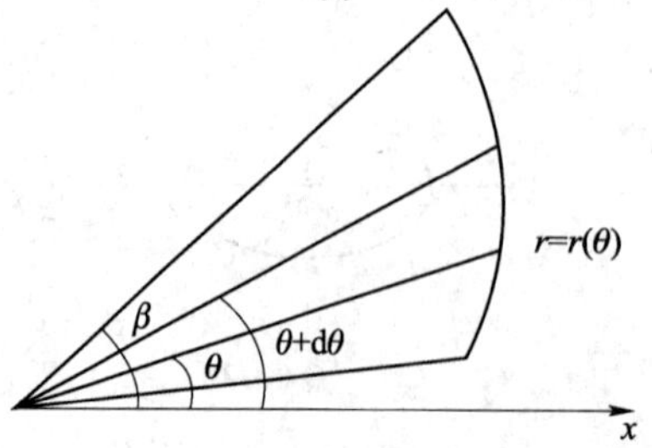

图 6－17

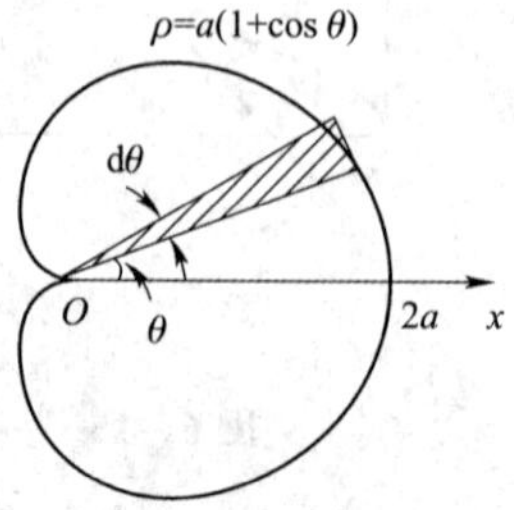

图 6－18

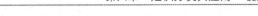

例 17　求阿基米德螺线 $r=a\theta$（$a>0$）第一圈 $\theta\in[0,\ 2\pi]$ 与极轴所围图形的面积（图 6－19）。

解：

$$A=\frac{1}{2}\int_0^{2\pi}(a\theta)\,\mathrm{d}\theta=\frac{4}{3}a^2\pi^3$$

三、体积

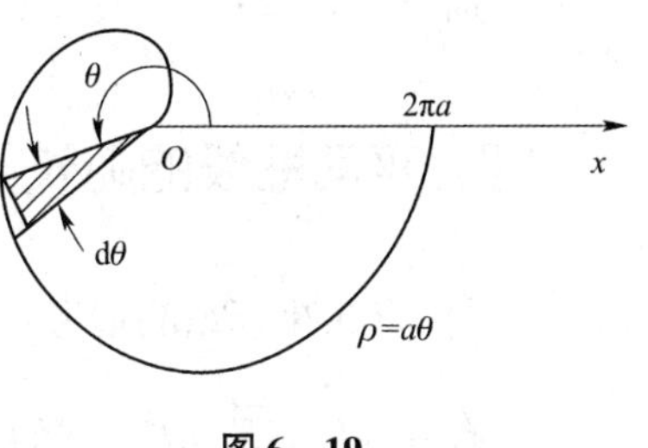

图 6－19

旋转体是由一个平面图形绕该平面内一条定直线旋转一周而生成的立体，该定直线称为旋转轴。

对于由曲线 $y=f(x)$，直线 $x=a$，$x=b$ 及 x 轴所围成的曲边梯形，绕 x 轴旋转一周而生成的旋转体，如何计算该旋转体的体积 V？

取 x 为积分变量，则 $x\in[a,\ b]$，对于区间 $[a,\ b]$ 上的任一子区间 $[x,\ x+\mathrm{d}x]$，它所对应的窄曲边梯形绕 x 轴旋转而生成立体的体积近似等于以 $f(x)$ 为底半径，高为 $\mathrm{d}x$ 的柱体体积。从而得这立体的体积元素（图 6－20）。

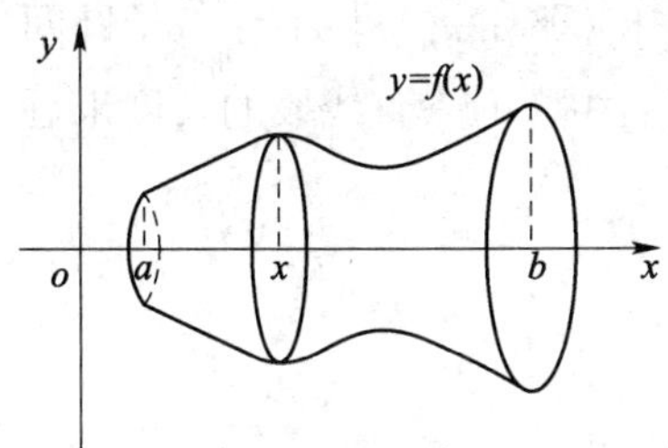

图 6－20

$$\mathrm{d}V=\pi[f(x)]^2\mathrm{d}x$$

所求的旋转体的体积为

$$V=\int_a^b\pi[f(x)]^2\mathrm{d}x$$

类似地，由曲线 $x=\varphi(y)$，直线 $y=c$，$y=d$ 及 y 轴所围成的曲边梯形，绕 y 轴旋转一周而生成的旋转体的体积为

$$V=\int_c^d\pi[\varphi(y)]^2\mathrm{d}y$$

例 18　求由曲线 $y=\frac{r}{h}gx$ 及直线 $x=0$，$x=h$（$h>0$）和 x 轴所围成的三角形绕 x 轴旋转而生成的立体的体积（图 6－21）。

解：取 x 为积分变量，则 $x\in[0,\ h]$，

$$V=\int_0^h\pi\left(\frac{r}{h}x\right)^2\mathrm{d}x=\frac{\pi r^2}{h^2}\int_0^h x^2\mathrm{d}x=\frac{\pi}{3}r^2h$$

例 19　求由椭圆 $\frac{x^2}{a^2}+\frac{y^2}{b^2}=1$ 绕 x 轴旋转而产生的旋转体的体积（图 6－22）。

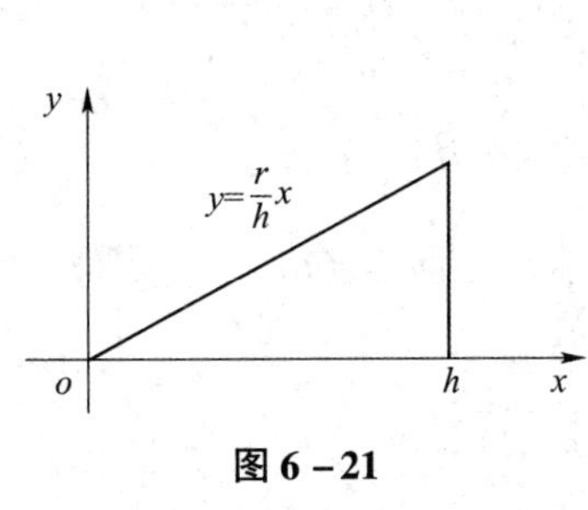

图 6－21

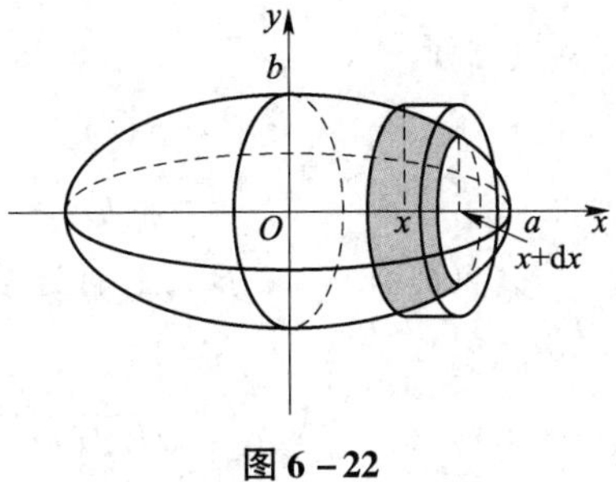

图 6－22

解：这个旋转椭球体可看作由半个椭圆

$$y=\frac{b}{a}\sqrt{a^2-x^2}$$

绕 x 轴旋转一周而成，所以它的体积

$$V=\pi\int_{-a}^{a}\left(\frac{b}{a}\sqrt{a^2-x^2}\right)^2\mathrm{d}x=\frac{2\pi b^2}{a^2}\int_{0}^{a}(a^2-x^2)\ \mathrm{d}x=\frac{4}{3}\pi ab^2$$

特别当 $a=b=r$ 时，得半径为 r 的球体体积 $V_{球}=\frac{4}{3}\pi r^3$。

四、平面曲线的弧长

（一）直角坐标系的情形

设有一曲线弧段 $\widehat{AB}$，它的方程是

$$y=f(x),\ x\in\ [a,\ b]$$

如果 $f(x)$ 在 $[a,\ b]$ 上有连续的导数，则称弧段 $\widehat{AB}$ 是光滑的，试求这段光滑曲线的长度。

应用定积分，即采用“分割、近似求和、取极限”的方法，可以证明：光滑曲线弧段是可求长的，从而保证我们能用简化的方法，即元素法，来导出计算弧长的公式。

如图 6－23 所示，取 x 为积分变量，其变化区间为 $[a,\ b]$，相应于 $[a,\ b]$ 上任一子区间 $[x,\ x+\mathrm{d}x]$ 的一段弧的长度，可以用曲线在点 $(x,\ f(x))$ 处切线上相应的一直线段的长度来近似代替，这直线段的长度为

$$\sqrt{(\mathrm{d}x)^2+(\mathrm{d}y)^2}=\sqrt{1+y'^2}\mathrm{d}x,$$

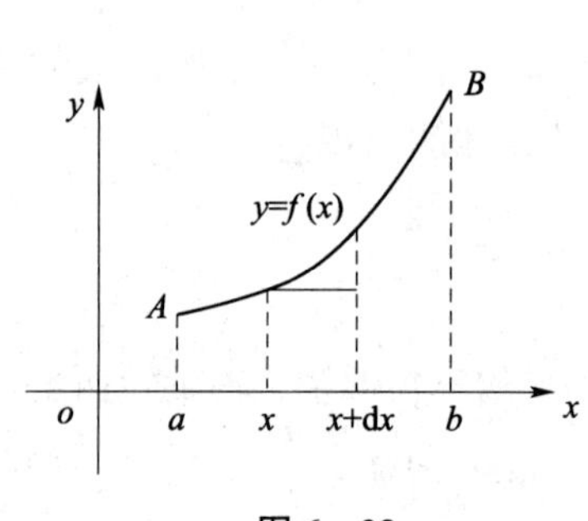

图 6－23

于是得弧长元素（也称弧微分）

$$\mathrm{d}s=\sqrt{1+y'^2}\mathrm{d}x$$

因此所求的弧长为

$$s=\int_{a}^{b}\sqrt{1+y'^2}\mathrm{d}x$$

例 20　计算曲线 $y=\frac{2}{3}x^{\frac{3}{2}}$（$a\leqslant x\leqslant b$）的弧长。

解：$\mathrm{d}s=\sqrt{1+(\sqrt{x})^2}\mathrm{d}x=\sqrt{1+x}\mathrm{d}x$

$$s=\int_{a}^{b}\sqrt{1+x}\mathrm{d}x=\frac{2}{3}(1+x)^{\frac{3}{2}}\Big|_{a}^{b}=\frac{2}{3}\left[(1+b)^{\frac{3}{2}}-(1+a)^{\frac{3}{2}}\right]$$

（二）参数方程的情形

若弧段 $\widehat{AB}$ 由参数方程

$$\begin{cases}x=x(t)\\y=y(t)\end{cases}\qquad t\in\ [\alpha,\ \beta]$$

给出，其中 $x(t)$，$y(t)$ 在 $[\alpha,\ \beta]$ 上有连续的导数，且 $[x'(t)]^2+[y'(t)]^2\neq0$，则弧长元素，即微弧分为

$$\mathrm{d}s=\sqrt{[x'(t)]^2+[y'(t)]^2}\mathrm{d}t$$

所以

$$s=\int_{\alpha}^{\beta}\sqrt{[x'(t)]^2+[y'(t)]^2}dt$$

若弧段 $\widehat{AB}$ 由极坐标方程

$$r=r(\theta),\ \theta\in[\theta_1,\ \theta_2]$$

给出，其中 $r(\theta)$ 在 $[\theta_1, \theta_2]$ 上有连续的导数，则应用极坐标 $x=r\cos\theta$，$y=r\sin\theta$，可得

$$x'=r'\cos\theta-r\sin\theta,\ y'=\sin\theta+r\cos\theta$$

利用公式推出
$$s=\int_{\alpha}^{\beta}\sqrt{r^2+r'^2}d\theta$$

例 21　求阿基米德（Archimede）螺线 $r=a\theta(a>0)$ 相应于 θ 从 0 到 2π 的一段(图 6－24)的弧长。

解：$r'=a$，$ds=\sqrt{(a\theta)^2+a^2}d\theta=a\sqrt{1+\theta^2}d\theta$

代入公式，得 $s=\int_0^{2\pi}a\sqrt{1+\theta^2}d\theta=a\left[\frac{\theta}{2}\sqrt{1+\theta^2}+\frac{1}{2}\ln\left(\theta+\sqrt{1+\theta^2}\right)\right]_0^{2\pi}$

$$=a\left[\pi\sqrt{1+4\pi^2}+\frac{1}{2}\ln\left(2\pi+\sqrt{1+4\pi^2}\right)\right]$$

例 22　求星形线 $\begin{cases}x=a\cos^3 t\\ y=a\sin^3 t\end{cases}$（$0\leqslant t\leqslant 2\pi$）的周长（图 6－25）。

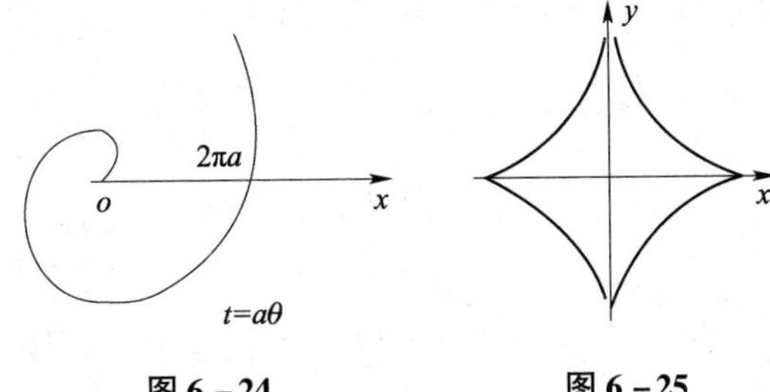

图 6－24　　　　图 6－25

解：由于对称性，星形线的全场是它在第一象限内弧长的 4 倍。

$$s=4\int_0^{\frac{\pi}{2}}\sqrt{x'^2+y'^2}dt$$

$$=4\int_0^{\frac{\pi}{2}}3a\sin t\cos t dt$$

$$=12a\int_0^{\frac{\pi}{2}}\sin t d(\sin t)=6a(\sin t)^2\Big|_0^{\frac{\pi}{2}}=6a$$

五、定积分的其他应用

前面用元素法解决了定积分在几何上的一些应用，现将利用元素法解决定积分在物理、医学上的一些应用。

（一）功的计算

从物理学知道，若物体在作直线运动的过程中一直受与运动方向一致的常力 F 的作用，则当物体有位移 s 时，力 F 所作的功为

$$W=Fs$$

现在我们来考虑变力沿直线作功问题。

设某物体在力 F 的作用下沿 x 轴从 a 移动至 b（图 6－26），并设力 F 平行于 x 轴且是 x 的连续函数 $F=F(x)$。相应于 $[a, b]$ 的任一子区间 $[x, x+dx]$，我们可以把 $F(x)$ 看作是物体经过这一子区间时所受的力。因此功元素为

$$dW=F(x)dx$$

所以当物体沿 x 轴从 a 移动至 b 时，作用在其上的力 $F=F(x)$ 所作的功为

$$W=\int_a^b F(x)\,\mathrm{d}x$$

图 6－26

例 23 半径为 r 的球沉入水中，球的上部与水面相切，求得比重为 1，现将这球从水中取出，需做多少功？

解：建立如图 6－27 所示的坐标系，将半径为 r 的球缺取出水面，所需的力 $F(x)$ 为

$$F(x)=G-F_{浮}$$

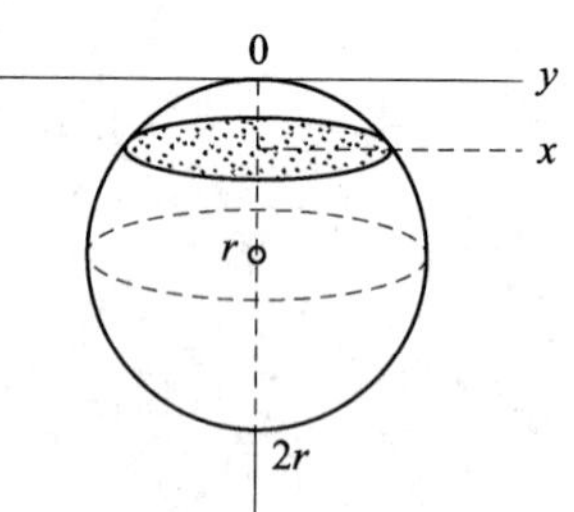

图 6－27

其中，$G=\dfrac{4\pi r^3}{3}\cdot 1\cdot g$ 是球的重力，$F_{浮}$ 表示将球缺取出之后，仍浸在水中的另一部分球缺所受的浮力。

由球缺公式 $V=\pi\cdot x^2\left(r-\dfrac{x}{3}\right)$ 有

$$F_{浮}=\left[\frac{4}{3}\pi\cdot r^3-\pi\cdot x^2\left(r-\frac{x}{3}\right)\right]\cdot 1\cdot g$$

从而 $F(x)=\pi\cdot x^2\left(r-\dfrac{x}{3}\right)\cdot g\ \ (x\in[0,\ 2r])$

十分显然，从水中将球取出所做的功等于变力 $F(x)$ 从 0 改变至 $2r$ 时所做的功。去 x 为积分变量，则 $x\in[0,\ 2r]$，对于 $[0,\ 2r]$ 上的任一小区间 $[x,\ x+\mathrm{d}x]$，变力 $F(x)$ 从 0 到 $x+\mathrm{d}x$ 这段距离内所做的功为

$$\mathrm{d}W=F(x)\,\mathrm{d}x=\pi\cdot x^2\left(r-\frac{x}{3}\right)g$$

这就是功元素，并且功为

$$W=\int_0^{2r}\pi g x^2\left(r-\frac{x}{3}\right)\mathrm{d}x=g\left[\frac{\pi r}{3}x^3-\frac{\pi}{12}x^4\right]_0^{2r}=\frac{4}{3}\pi r^2 g$$

定积分在物理中的应用十分广泛，如在计算物体的质量、静力矩与重心、液体压力、两质点的引力等问题，都可以应用元素法予以分析处理，各种实例不胜枚举。

（二）定积分在医药学中应用

心输出量是指每分钟心脏泵出的血量，在生理学实验中常用染料稀释法来测定。把一定量的染料注入静脉，染料将随血液循环通过心脏到达肺部，再返回心脏而进入动脉系统。

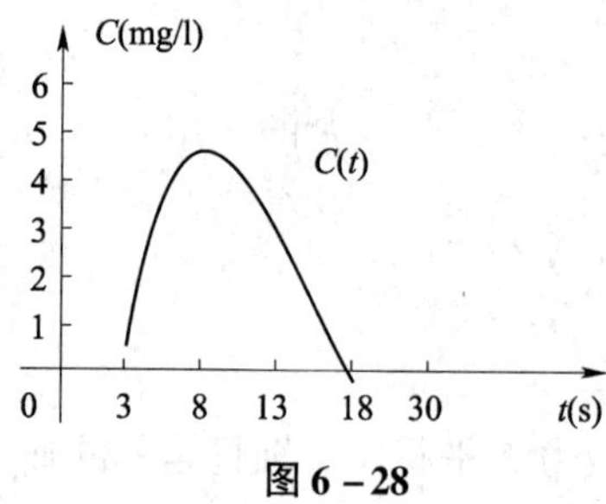

图 6－28

假定在时刻 $t=0$ 时注入 5mg 染料，自染料注入后便开始在外周动脉中连续 30 秒监测血液中染料的浓度，它是时间的函数 $C(t)$，如图 6－28 所示

$$C(t)=\begin{cases}0,\ 0\leqslant t\leqslant 3\ 或\ 18<t\leqslant 30\\ 10^{-2}\ (t^3-40t^2+453t-1026),\ 3<t\leqslant 18\end{cases}$$

注入染料的量 M 与在 30 秒之内测到的平均浓度 $\bar{C}(t)$ 的比值是 30 秒内心脏泵出的血量，因

此，每分钟的心输出量 Q 是这一比值的 2 倍，即 $Q=\frac{2M}{\bar{C}(t)}$。试求这一实验中的心输出量 Q。

解：$$\bar{C}(t)=\frac{1}{30-0}\int_0^{30}C(t)\,\mathrm{d}t=\frac{1}{30}\int_3^{18}10^{-2}\,(t^3-40t^2+453t-1026)\,\mathrm{d}t$$

$$=\frac{10^{-2}}{30}\left(\frac{t^4}{4}-\frac{40t^3}{3}+\frac{453t^2}{2}-1026t\right)\Big|_3^{18}=\frac{10^{-2}}{30}\,[3402-(-1379.25)]$$

$$=1.59375$$

因此

$$Q=\frac{2M}{\bar{C}(t)}=\frac{2\times5}{1.59375}\approx6.275\ (\mathrm{L/min})$$

（三）垃圾对水源污染的蓄积作用

垃圾的有毒物质从埋藏点逐渐向水源扩散，埋藏一个月后有毒物质开始侵入水源。当水中有毒物质的浓度达到 10 个单位时，该水就不能饮用。

若已知有毒物质的侵入速度为 $v(t)=\frac{2}{t}$，$t\geqslant1$，求该水源还能饮用多久？

解：设该水源还能饮用 T 个月，则由 $\int_1^T v(t)\,\mathrm{d}t=10$，可得

$$\int_1^T v(t)\,\mathrm{d}t=\int_1^T\frac{2}{t}\mathrm{d}t=(2\ln t)\Big|_1^T=2\ln T=10$$

$$T=e^5\approx148.413\ (\text{月})\approx12.37\ (\text{年})$$

一、求由下列各曲线所围成的图形的面积

1. $y=\frac{1}{2}x^2$ 与 $x^2+y^2=8$（两部分均要计算）

2. $y=\frac{1}{x}$ 与直线 $y=x$ 及 $x=2$

二、求由摆线 $x=a(t-\sin t)$，$y=a(1-\cos t)$ 的一拱（$0\leqslant t\leqslant2\pi$）与横轴所围成图形的面积。

三、求由 $y=1-x^2$ 与 x 轴所围成的平面图形的面积。

四、求由 $y=x^2$，$x=y^2$ 所围成的图形绕 x 轴旋转所得立体的体积。

五、一截面为等腰梯形的贮水池，上底宽 6m，下底宽 4m，深 2m，长 8m。要把满池水全部抽到距水池上方 20m 的水塔中，问需要做多少功？

六、有实验知道，弹簧在拉伸过程中，需要的力 F（单位：N）与弹簧的伸长量 s（单位：cm）成正比，即 $F=ks$（k 是比例常数），如果把弹簧由原长拉伸 6cm，计算所做的功。

知识链接

微积分学是微分学和积分学的统称，它的创立，被誉为“人类精神的最高胜利”。在数学史上，它的发展为现代数学做出了不朽的功绩。恩格斯曾经指出：微积分是变量数学最重要的部分，是数学的一个重要的分支，它是现代科学技术及自然科学的各个分支中被广泛应用的最重要的数学工具。凡是复杂图形的研究，化学反映过程的分析，物理方面的应用，以及弹道、气象的计算，人造卫星轨迹的计算，运动状态的分析等，都要用到微积分。正是由于微积分的广泛应用，才使得我们人类在数学、科学技术、经济等方面得到了长足的发展，解决了许多的困难。

本章在不定积分的基础上学习了定积分的概念、几何意义及性质。简要介绍了积分上限函数的定义和微积分的基本定理，着重学习了牛顿－莱布尼茨公式，它是我们解定积分的重要工具。

在不定积分的解法和牛顿－莱布尼茨公式的基础上，我们学习了定积分的换元积分法和分部积分法，求定积分转化为先求原函数，再代入积分上下限求差。

定积分来源于现实生活，本章通过归纳总结出定积分的元素法解题规律，并应用元素法解决平面图形的面积、旋转体的体积、平面曲线的弧长等实际问题。

综合测试四

一、选择题

1. 下列各式中，正确的是（　　）

A. $\int_a^b f'(x)\mathrm{d}x=f'(b)-f'(a)$　　B. $\int_a^b f'(x)\mathrm{d}x=f'(a)-f'(b)$

C. $\int_a^b f'(x)\mathrm{d}x=f(b)-f(a)$　　D. $\int_a^b f'(x)\mathrm{d}x=f(a)-f(b)$

2. 定积分 $\int_a^b f(x)\mathrm{d}x$ 的大小（　　）

A. 与 $f(x)$ 和积分区间 $[a,b]$ 有关，与 ζ_i 的取法无关

B. 与 $f(x)$ 有关，去区间 $[a,b]$ 及 ζ_i 的取法无关

C. 与 $f(x)$ 及 ζ_i 的取法有关，与区间 $[a,b]$ 无关

D. 与 $f(x)$、区间 $[a,b]$ 和 ζ_i 的取法都有关

3. 在求由 $x=a$，$x=b$（$a<b$），$y=0$ 及 $y=f(x)$（$f(x)\geqslant 0$）围成的曲边梯形的面积 S 时，在区间 $[a,b]$ 上等间隔地插入 $n-1$ 个分点，分别过这些分点作 x 轴的垂线，把曲边梯形分成 n 个小曲边梯形，下列结论中正确的个数是（　　）

①n 个小曲边梯形的面积和等于 S

②n 个小曲边梯形的面积和小于 S

③n 个小曲边梯形的面积和大于 S

④n 个小曲边梯形的面积和与 S 之间的大小关系不确定

A. 1　　B. 2　　C. 3　　D. 4

4. 定积分 $\int_0^{\frac{3}{4}\pi}\left|\sin 2x\right|dx$ 的值是（　　）

A. $\frac{1}{2}$　　B. $\frac{3}{2}$　　C. $-\frac{1}{2}$　　D. $-\frac{3}{2}$

5. 已知 $f(x)$ 为偶函数且 $\int_0^6 f(x)dx = 8$，则 $\int_{-6}^6 f(x)dx$ 等于（　　）

A. 0　　B. 4　　C. 8　　D. 16

6. 设 $y=f(x)$ 与 $y=g(x)$ 在区间 $[a,\ b]$ 上连续，则由这两条曲线及 $x=a$，$x=b$ 所围成平面图形的面积为（　　）

A. $\int_a^b [f(x) - g(x)]dx$　　B. $\int_a^b [g(x) - f(x)]dx$

C. $\int_a^b \left|f(x) - g(x)\right|dx$　　D. $\left|\int_a^b f(x) - g(x)dx\right|$

7. $\int_0^R \sqrt{R^2 - x^2}dx =$（　　）

A. R　　B. πR　　C. πR^2　　D. $\frac{\pi R^2}{4}$

8. $\int_0^1 e^x dx$ 与 $\int_0^1 e^{x^2}dx$ 相比，有关系式（　　）

A. $\int_0^1 e^x dx < \int_0^1 e^{x^2}dx$　　B. $\int_0^1 e^x dx > \int_0^1 e^{x^2}dx$

C. $\int_0^1 e^x dx = \int_0^1 e^{x^2}dx$　　D. $\left[\int_0^1 e^x dx\right]^2 = \int_0^1 e^{x^2}dx$

9. 设 $F(x) = \int_0^x \frac{1}{1+t^2}dt + \int_0^{\frac{1}{x}} \frac{1}{1+t^2}dt$ 则（　　）

A. $F(x) \equiv 0$　　B. $F(x) \equiv \frac{\pi}{2}$

C. $F(x) \equiv \arctan x$　　D. $F(x) \equiv 2\arctan x$

10. 已知自由落体的运动速度 $v=gt$（g 为常数），则当 $t \in [1,\ 2]$ 时，物体下落的距离为（　　）

A. $\frac{1}{2}g$　　B. g　　C. $\frac{3}{2}g$　　D. $2g$

二、填空题

1. 若 $f(x)$ 在 $[a,\ b]$ 上连续，则 $\int_a^b f(x)dx + \int_b^a f(t)dt =$ ________。

2. $\frac{d}{dx}\int_1^x \cos t dt =$ ________。

3. 设 $f(x)$ 有连续的导数，$f(b)=5$，$f(a)=3$，则 $\int_a^b f'(x)dx =$ ________。

4. $\frac{d}{dx}\int_a^b \arctan x dx =$ ________。

5. 设 $f(x) = \begin{cases} x, & x \geqslant 0 \\ 1, & x < 0 \end{cases}$，则 $\int_{-1}^2 f(x)dx =$ ________。

6. 用定积分表示曲线 $y=x^2+1$ 与直线 $x=1$，$x=3$ 及 x 轴所围成的曲边梯形的面积 $S=$______。

7. 由曲线 $y=3-x^2$ 与直线 $2x+y=0$ 所围成的图形面积为______。

8. 设 $f(x)$ 连续，$x>0$，且 $\int_1^{x^2} f(t)\mathrm{d}t=x^2(1-x)$，则 $f(2)=$______。

9. 设一放射性物质的质量为 $m=m(t)$，其衰变速度 $\frac{\mathrm{d}m}{\mathrm{d}t}=q(t)$，则从时刻 t_1 到 t_2 此物质分解的质量用定积分表示为______。

10. 曲线 $xy=a$（$a\leqslant 0$），与直线 $x=a$，$x=2a$，以及 $y=0$ 所围成的图形绕 Ox 轴旋转一周所得旋转体的体积 $V=$______。

三、计算题

1. 利用定积分的几何意义求下列积分

(1) $\int_{-\pi}^{\pi}\sin x\mathrm{d}x$　　(2) $\int_{-2}^{2}\sqrt{4-x^2}\mathrm{d}x$

2. 求积分上限函数的导数

(1) $f(x)=\int_x^2\frac{t}{\ln t}\mathrm{d}t$　　(2) $f(x)=\int_x^{x^2}e^{t^2}\mathrm{d}t$

3. 求下列极限

(1) $\lim\limits_{x\to 0}\frac{\int_0^x\cos t\mathrm{d}t}{x}$　　(2) $\lim\limits_{x\to 0}\frac{\int_0^x\arctan t\mathrm{d}t}{x^2}$

4. 求下列定积分

(1) $\int_0^1(x+e^x+1)\mathrm{d}x$　　(2) $\int_0^{\frac{\pi}{2}}\sin x\cos^3 x\mathrm{d}x$

(3) $\int_0^1\frac{e^x}{1+e^x}\mathrm{d}x$　　(4) $\int_0^2\left|x-1\right|\mathrm{d}x$

(5) $\int_0^{2\pi}e^{2x}\cos x\mathrm{d}x$　　(6) $\int_{-2}^0\frac{\mathrm{d}x}{x^2+2x+2}$

四、综合应用题

1. 求曲线 $y^2=(4-x)^3$ 与纵轴所围成图形的面积。

2. 一物体，其底面是半径为 R 的圆，用垂直底圆某一直径的平面截该物体，所得截面都是正方形，求该物体的体积。

3. 药物在被吸收进入血液系统的总量称为有效药量。已知某抗癌药物被人体吸收的速率可表示为 $f(t)=t(t-4)^2$（$0\leqslant t\leqslant 4$），求：该药物的有效药量是多少？

第七章 微分方程

学习目标

知识目标

1. 掌握　可分离变量方程的解法；一阶线性微分方程的解法；二阶常系数齐次线性微分方程的解法。

2. 熟悉　微分方程的定义；微分方程的阶、解、通解、初始条件和特解的概念。

3. 了解　二阶常系数线性微分方程解的结构。

技能目标

会运用所学知识解一阶线性微分方程、二阶常系数齐次线性微分方程。

案例讨论

【案例】 已知一条曲线过点（1，1），且在该曲线上任意一点处的切线斜率为 $2x$，求这条曲线的方程。

解：设该曲线方程为：$y=f(x)$

根据题意可得：$y'=2x$

两边同时积分：$y=x^2+C$

将点（1，1）代入上式可得：$C=1$

故所求曲线方程为：$y=x^2+1$

【讨论】 我们可以发现，在解此题的过程中出现了含有未知函数导数的方程，这类方程有一般求解方法吗？

第一节 微分方程的基本概念

PPT

微课

一、微分方程的定义

我们把含有未知函数的导数（或微分）的方程称为微分方程。

未知函数是一元函数的微分方程称为常微分方程；

未知函数是多元函数的微分方程称为偏微分方程。

未知函数及其导数均为一次幂的微分方程称为线性微分方程；

未知函数及其导数的系数均为常数的微分方程称为常系数微分方程。

例：根据微分方程的定义，引例中的方程 $y'=2x$ 就是微分方程。

二、微分方程的阶

微分方程中出现的最高阶导数的阶数称为微分方程的阶。

例：根据微分方程的阶的概念可知，引例中的方程 $y'=2x$ 是一阶微分方程。

三、微分方程的解

若将函数 $y=\varphi(x)$ 代入微分方程中能使微分方程恒成立，则称 $y=\varphi(x)$ 为微分方程的解。

若微分方程的解中包含任意常数，且相互独立的任意常数个数与微分方程的阶数相同，则称这样的解为微分方程的通解；通解中的任意常数确定之后的解称为微分方程的特解。

例：根据微分方程解的概念可知，引例中微分方程 $y'=2x$ 的通解为 $y=x^2+C$。

$y=x^2+1$ 是微分方程 $y'=2x$ 的一个特解。

四、初始条件

用来确定通解中的任意常数的条件称为初始条件。

求微分方程满足初始条件的解的问题称为初值问题。

例1 验证 $y=C_1e^x+C_2xe^x$ 是二阶常系数线性微分方程 $y''-2y'+y=0$ 的通解。

解：

$$y'=C_1e^x+C_2e^x+C_2xe^x$$

$$y''=C_1e^x+2C_2e^x+C_2xe^x$$

将 y，y'，y''代入原方程：

$$(C_1e^x+2C_2e^x+C_2xe^x)-2(C_1e^x+C_2e^x+C_2xe^x)+(C_1e^x+C_2xe^x)=(C_1-2C_1+C_1)e^x+(2C_2-2C_2)e^x+(C_2-2C_2+C_2)xe^x=0$$

故 $y=C_1e^x+C_2xe^x$ 是原微分方程的解；

又 $y=C_1e^x+C_2xe^x$ 中有两个相互独立的任意常数，故其是原微分方程的通解。

1. 填空题

（1）$(y')^2+2x^2=1$ 是__________阶微分方程。

（2）$x\mathrm{d}x^2+y\mathrm{d}^2y=0$ 是__________阶微分方程。

2. 求下列微分方程的通解

（1）$y'=x^2$

（2）$y'=\sin x$

3. 求下列微分方程的通解

（1）$y''=x+1$

（2）$y'''=x^3$

PPT

微课

第二节　可分离变量的微分方程

定义 7.1　若微分方程可化为如下形式：

$$\frac{dy}{dx}=f(x)g(y)$$

则称该方程为可分离变量的微分方程。

可分离变量的微分方程可以化为等式一边只含有变量 y，另一边只含有变量 x 的形式

$$\frac{1}{g(y)}dy=f(x)dx$$

两边同时积分

$$\int\frac{1}{g(y)}dy=\int f(x)dx$$

通过计算可以得出微分方程的通解。

例 1　求微分方程 $\frac{dy}{dx}=y\sin x$ 的通解。

解：分离变量

$$\frac{dy}{y}=\sin x dx$$

两边积分

$$\int\frac{1}{y}dy=\int\sin x dx$$

解得

$$\ln|y|=-\cos x+C_1$$

$$|y|=e^{-\cos x+C_1}$$

$$y=\pm e^{C_1}\cdot e^{-\cos x}$$

$$y=Ce^{-\cos x}$$

故原方程的通解为 $y=Ce^{-\cos x}$（C 为任意常数）。

例 2　求微分方程 $y'-xy=0$ 的通解。

解：移项

$$\frac{dy}{dx}=xy$$

分离变量

$$\frac{1}{y}dy=xdx$$

两边积分

$$\int\frac{1}{y}dy=\int xdx$$

解得

$$\ln|y|=\frac{1}{2}x^2+C_1$$

$$y=C\cdot e^{\frac{1}{2}x^2}$$

例 3　求微分方程 $\frac{dy}{dx}=x^2y^2$ 的通解。

解：分离变量

$$\frac{dy}{y^2}=x^2dx$$

两边积分

$$\int\frac{1}{y^2}dy=\int x^2dx$$

解得

$$-\frac{1}{y}=\frac{x^3}{3}+C_1$$

$$y = -\frac{3}{x^3 + C}$$

习题 7-2

1. 填空题

（1）$y' = y \cdot \cos x$ 的通解为________。

（2）$\frac{dy}{dx} = (1 + x)y$ 的通解为________。

2. 用分离变量法求下列微分方程

（1）$\frac{dy}{dx} = xy^2$

（2）$y^2 dx = x^2 dy$

（3）$y' + xy = 0$

PPT

微课

第三节　一阶线性微分方程

一、一阶线性微分方程的概念

定义 7.2　形如

$$y' + P(x)y = Q(x)$$

此方程称为一阶线性微分方程，其中 $P(x)$、$Q(x)$ 均为已知函数。

若 $Q(x) \equiv 0$，则称其为一阶齐次线性微分方程；

若 $Q(x) \neq 0$，则称其为一阶非齐次线性微分方程。

二、一阶齐次线性微分方程的解法

一阶齐次线性微分方程 $y' + P(x)y = 0$

可分离变量为　$\frac{dy}{y} = -P(x)dx$

两边同时积分　$\ln|y| = -\int P(x)dx + C_1$

解得　$y = \pm e^{-\int P(x)dx + C_1}$

化简为　$y = Ce^{-\int P(x)dx}$

$y = Ce^{-\int P(x)dx}$ 是一阶齐次线性微分方程的通解，其推导步骤就是求一阶齐次线性微分方程的一般步骤。

例1　求一阶齐次线性微分方程 $y'-y=0$ 的通解。

解：分离变量　　$\frac{dy}{y}=dx$

两边积分　　$\int\frac{1}{y}dy=\int 1dx$

即　　$\ln|y|=x+C_1$

故原方程的通解为　　$y=Ce^x$

三、一阶非齐次线性微分方程的解法

一阶线性微分方程齐次形式和非齐次形式的区别仅在于齐次形式右边是0，非齐次形式右边是 $Q(x)$。因此，我们将一阶齐次线性微分方程通解中的任意常数 C 替换为待定函数 $C(x)$，令 $y=C(x)e^{-\int P(x)dx}$,猜测其为一阶非齐次线性微分方程的通解。

将 $y=C(x)e^{-\int P(x)dx}$ 带入一阶非齐次线性微分方程中,可得

$$C'(x)e^{-\int p(x)dx}+C(x)e^{-\int p(x)dx}[-p(x)]+p(x)C(x)e^{-\int p(x)dx}=Q(x)$$

即　　$C'(x)=Q(x)e^{\int p(x)dx}$

两边积分得　　$C(x)=\int Q(x)e^{\int p(x)dx}dx+C$

故 $y=\left[\int Q(x)e^{\int p(x)dx}dx+C\right]e^{-\int p(x)dx}$ 是一阶非齐次线性微分方程的通解。

根据上述推导过程，我们可以总结出求一阶非齐次线性微分方程的通解的一般步骤：

(1) 求出其对应的一阶齐次线性微分方程的通解 $y=Ce^{-\int P(x)dx}$。

(2) 将通解中的任意常数 C 替换为函数 $C(x)$，令 $y=C(x)e^{-\int P(x)dx}$。

(3) 将 $y=C(x)e^{-\int P(x)dx}$ 代入一阶非齐次线性微分方程,解出 $C(x)$,求出通解。

例2　求一阶非齐次线性微分方程 $y'-y=e^x$ 的通解。

解：原方程所对应的齐次方程为　　$y'-y=0$

其通解为　　$y=Ce^x$

令 $y=C(x)e^x$，将其代入原方程中，可得

$$C'(x)e^x+C(x)\ e^x-C(x)e^x=e^x$$

化简后两边积分得　　$C(x)=x+C$

故原方程的通解为　　$y=xe^x+Ce^x$

习题7-3

1. 用公式法求 $y'+y\cos x=0$ 的通解。

2. 求 $y'=\frac{y}{x}+\ln x$ 的通解。

3. 求 $y'+y\cdot\cos x=e^{-\sin x}$的通解。

PPT

微课

第四节　二阶常系数线性微分方程

一、二阶常系数线性微分方程解的结构

定义 7.3　形如

$$y''+py'+qy=f(x)$$

此方程称为二阶常系数线性微分方程（其中 p、q 为常数）。

若 $f(x)=0$，则称其为二阶常系数齐次线性微分方程；

若 $f(x)\neq 0$，则称其为二阶常系数非齐次线性微分方程。

定义 7.4　（线性相关，线性无关）设函数 $y_1(x)$、$y_2(x)$ 是定义在某区间 I 上的函数，若存在两个不全为零的常数 k_1、k_2，使得 $k_1y_1(x)+k_2y_2(x)=0$ 在区间 I 上恒成立，则称 $y_1(x)$、$y_2(x)$ 在区间 I 上线性相关，否则称为线性无关。

根据定义，我们可以通过 $\frac{y_1(x)}{y_2(x)}$ 的值来判断 $y_1(x)$、$y_2(x)$ 是否线性相关：

若 $\frac{y_1(x)}{y_2(x)}$ 恒为常数，则 $y_1(x)$、$y_2(x)$ 线性相关；

若 $\frac{y_1(x)}{y_2(x)}$ 不恒为常数，则 $y_1(x)$、$y_2(x)$ 线性无关。

例：x 与 $2x$ 线性相关，x 与 x^2 线性无关。

定理 7.1　（二阶常系数齐次线性微分方程解的结构）若 y_1、y_2 是二阶常系数齐次线性微分方程的两个解，则 $y=C_1y_1+C_2y_2$ 也是该方程的解，当且仅当 y_1 与 y_2 线性无关时，$y=C_1y_1+C_2y_2$ 是该二阶常系数齐次线性微分方程的通解（其中 C_1、C_2 为任意常数）。

定理 7.2　（二阶常系数非齐次线性微分方程解的结构）若 y_p 是二阶常系数非齐次线性微分方程的一个特解，y_c 是其所对应的齐次形式的通解，则 $y=y_p+y_c$ 为该二阶常系数非齐次线性微分方程的通解。

二、二阶常系数齐次线性微分方程的解法

根据定理 7.1（二阶常系数齐次线性微分方程解的结构）我们可知，求二阶常系数齐次线性微分方程的通解，只需求出其两个线性无关的特解 y_1、y_2，再用 $y=C_1y_1+C_2y_2$ 表出即可。

我们观察二阶常系数齐次线性微分方程 $y''+py'+qy=0$ 的形式，其左边是关于未知函数 y、未知函数的一阶导数 y'、未知函数的二阶导数 y'' 的运算，p、q 为常数；右边是零，也就是说，y、y'、y'' 之间只是系数的差别，在我们接触过的函数中，满足条件的只有 $y=e^{rx}$。因此可以猜测，$y''+py'+qy=0$ 具有形如 $y=e^{rx}$ 的解（其中 r 为常数）。

令 $y=e^{rx}$ 为二阶常系数齐次线性微分方程的解，将其代入方程 $y''+py'+qy=0$，可得

$$e^{rx}(r^2+pr+q)=0$$

因为 $e^{rx}\neq 0$，所以

$$r^2+pr+q=0$$

我们称上式为二阶常系数齐次线性微分方程的特征方程，其根为特征根。

根据解特征根可能遇到的不同情况，我们分析如下：

（1）当特征方程有两个不同的实根 r_1、r_2 时，方程有两个线性无关的解 $y_1=e^{r_1x}$，$y_2=e^{r_2x}$。

故其通解为 $$y=C_1e^{r_1x}+C_2e^{r_2x}$$

（2）当特征方程有两个相同的实根 $r_1=r_2=r$ 时，方程只有一个解 $y_1=e^{rx}$。我们令 $y_2=xe^{rx}$，可以验证其为方程的解，且 y_1 与 y_2 线性无关。

故其通解为 $$y=C_1e^{rx}+C_2xe^{rx}$$

（3）当特征方程无实数根时，其有一对共轭复根 $r_1=\alpha+i\beta$、$r_2=\alpha-i\beta$，方程有两个线性无关的解 $y_1=e^{(\alpha+i\beta)x}$，$y_2=e^{(\alpha-i\beta)x}$。

故其通解为 $$y=Ae^{(\alpha+i\beta)x}+Be^{(\alpha-i\beta)x}$$

在计算过程中，复数形式的解往往不方便使用，我们可以利用欧拉公式 $e^{ix}=\cos x+i\sin x$ 将其化为

$$y=e^{\alpha x}(C_1\cos\beta x+C_2\sin\beta x)$$

综上，我们可以总结出求二阶常系数齐次线性微分方程的通解步骤：

（1）找出二阶常系数齐次线性微分方程的特征方程 $r^2+pr+q=0$。

（2）求出其特征根。

（3）根据特征根的不同情况求出二阶常系数齐次线性微分方程的通解，见表 7－1：

表 7－1 特征根的不同二阶常系数齐次线性微分方程的通解

特征根的情况	通解的表达式
两个不同的实根 $r_1\neq r_2$	$y=C_1e^{r_1x}+C_2e^{r_2x}$
两个相同的实根 $r_1=r_2=r$	$y=C_1e^{rx}+C_2xe^{rx}$
一对共轭复根 $r_{1,2}=\alpha\pm i\beta$	$y=e^{\alpha x}(C_1\cos\beta x+C_2\sin\beta x)$

例 1 求方程 $y''-3y'+2y=0$ 的通解。

解：原方程的特征方程为 $r^2-3r+2=0$

其有两个不同的特征根 $r_1=1$，$r_2=2$

故原方程的通解为 $y=C_1e^x+C_2e^{2x}$

例 2 求方程 $y''-6y'+9y=0$ 的通解。

解：原方程的特征方程为 $r^2-6r+9=0$

其有两个相同的特征根 $r_1=r_2=3$

故原方程的通解为 $y=C_1e^{3x}+C_2xe^{3x}$

例 3 求方程 $y''+2y'+2y=0$ 的通解。

解：原方程的特征方程为 $r^2+2r+2=0$

其有一对共轭复根 $r_{1,2}=-1\pm i$

故原方程的通解为 $y=e^{-x}(C_1\cos x+C_2\sin x)$

1. 填空题

（1）$y''-5y'+6y=0$ 的通解为____________。

（2）$y''+10y'+25y=0$ 的通解为____________。

（3）$y''-4y'+5y=0$ 的通解为____________。

2. 求下列微分方程的解

（1）$y''+7y'+12y=0$

（2）$y''+2y'+y=0$

（3）$y''+6y'+13y=0$

本章小结

本章我们一起学习了微分方程的相关知识，包括微分方程的定义；微分方程的阶、解、通解、初始条件、特解等概念；可分离变量微分方程的解法；一阶线性微分方程齐次形式和非齐次形式的解法；二阶常系数齐次线性微分方程的解法。其中的重难点是一阶线性微分方程的解法和二阶常系数齐次线性微分方程的解法。

对于一阶线性微分方程的齐次形式，我们可以用分离变量法求解；对于一阶线性微分方程的非齐次形式，我们可以按步骤求其通解，也可以用公式 $y=\left[\int Q(x)e^{\int p(x)\mathrm{d}x}\mathrm{d}x+C\right]e^{-\int p(x)\mathrm{d}x}$ 直接求解。

对于二阶常系数齐次线性微分方程，我们可以通过其特征方程求其特征根，再根据特征根的情况求出其通解。

一、选择题

1. 微分方程 $y''+x(y')^3-y^4y'=0$ 的阶数是（　　）。

A. 2　　B. 3　　C. 4　　D. 5

2. 微分方程 $y'''-xy''-x^2=1$ 的通解中应含的独立常数的个数为（　　）。

A. 2　　B. 3

C. 4　　D. 5

3. 微分方程 $y''=\sin(-x)$ 的通解是（　　）。

A. $y=\sin(-x)$　　B. $y=-\sin(-x)$

C. $y=-\sin(-x)+C_1x+C_2$　　D. $y=\sin(-x)+C_1x+C_2$

4. $y''+4y'+3y=0$ 的特征方程为（　　）。

A. $r^2+4r+3=0$　　B. $r+3=0$

C. $r+1=0$　　D. $r^2+3r+4=0$

5. 微分方程 $2y''+y'-y=0$ 的通解为（　　）。

A. $y=C_1e^x+C_2e^{-2x}$　　B. $y=C_1e^{-x}+C_2e^{\frac{x}{2}}$

C. $y=C_1e^x+C_2e^{-\frac{x}{2}}$　　D. $y=C_1e^{-x}+C_2e^{2x}$

二、填空题

1. 微分方程 $y'''=x$ 的通解为____________。

2. 微分方程 $y'-y=0$ 的通解为____________。

3. 微分方程 $y''-y=0$ 的通解为____________。

4. 微分方程 $y''-y'=0$ 的通解为____________。

5. 微分方程 $y'''-y'=0$ 的通解为____________。

三、计算题

求下列微分方程的解

1. $y'+y=e^{-x}$

2. $y'\sin x=y\cos x$

3. $y''-6y'+10y=0$

4. $y''-9y'+18=0$

5. $y''+8y'+16=0$

附　　录

一、基本积分公式

1. $\int 0\mathrm{d}x = C$

2. $\int k\mathrm{d}x = kx + C$

3. $\int x^a\mathrm{d}x = \frac{1}{a+1}x^{a+1} + C, (a \neq -1)$

4. $\int \frac{1}{x}\mathrm{d}x = \ln|x| + C$

5. $\int e^x\mathrm{d}x = e^x + C$

6. $\int a^x\mathrm{d}x = \frac{a^x}{\ln a} + C$

7. $\int \cos x\mathrm{d}x = \sin x + C$

8. $\int \sin x\mathrm{d}x = -\cos x + C$

9. $\int \sec^2 x\mathrm{d}x = \tan x + C$

10. $\int \csc^2 x\mathrm{d}x = -\cot x + C$

11. $\int \sec x\tan x\mathrm{d}x = \sec x + C$

12. $\int \csc x\cot x\mathrm{d}x = -\csc x + C$

13. $\int \frac{1}{\sqrt{1-x^2}}\mathrm{d}x = \arcsin x + C = -\arccos x + C$

14. $\int \frac{1}{1+x^2}\mathrm{d}x = \arctan x + C = -\operatorname{arccot} x + C$

15. $\int \tan x\mathrm{d}x = -\ln|\cos x| + C$

16. $\int \cot x\mathrm{d}x = \ln|\sin x| + C$

17. $\int \sec x\mathrm{d}x = \ln|\sec x + \tan x| + C$

18. $\int \csc x\mathrm{d}x = \ln|\csc x - \cot x| + C$

19. $\int \frac{dx}{a^2 + x^2} = \frac{1}{a}\arctan \frac{x}{a} + C$

20. $\int \frac{dx}{\sqrt{a^2 - x^2}} = \arcsin \frac{x}{a} + C$

21. $\int \frac{dx}{\sqrt{x^2 + a^2}} = \ln(x + \sqrt{x^2 + a^2}) + C$

22. $\int \frac{dx}{\sqrt{x^2 - a^2}} = \ln(x + \sqrt{x^2 - a^2}) + C$

二、部分积分表

（一）含有 $a+bx$ 的积分

1. $\int \frac{dx}{a + bx} = \frac{1}{b}\ln|a + bx| + C$

2. $\int (a + bx)^{\alpha}dx = \frac{1}{b(\alpha + 1)}(a + bx)^{\alpha+1} + C,(\alpha \neq -1)$

3. $\int \frac{xdx}{a + bx} = \frac{x}{b} - \frac{a}{b^2}\ln|a + bx| + C$

4. $\int \frac{x^2}{a + bx} = \frac{1}{b^3}\left[\frac{1}{2}(a + bx)^2 - 2a(a + bx) + a^2\ln|a + bx|\right] + C$

5. $\int \frac{dx}{x(a + bx)} = -\frac{1}{a}\ln\left|\frac{a + bx}{x}\right| + C$

6. $\int \frac{dx}{x^2(a + bx)} = -\frac{1}{ax} + \frac{b}{a^2}\ln\left|\frac{a + bx}{x}\right| + C$

7. $\int \frac{xdx}{(a + bx)^2} = \frac{1}{b^2}\left(\ln|a + bx| + \frac{a}{a + bx}\right) + C$

8. $\int \frac{x^2dx}{(a + bx)^2} = \frac{x}{b^2} - \frac{a^2}{b^3(a + bx)} - \frac{2a}{b^3}\ln|a + bx| + C$

9. $\int \frac{dx}{x(a + bx)^2} = \frac{1}{a(a + bx)} - \frac{1}{a^2}\ln\left|\frac{a + bx}{x}\right| + C$

（二）含有 $\sqrt{a+bx}$ 的积分

10. $\int \sqrt{a + bx}dx = \frac{2}{3b}\sqrt{(a + bx)^3} + C$

11. $\int x\sqrt{a + bx}dx = \frac{2}{15b^2}(3bx - 2a)\sqrt{(a + bx)^3} + C$

12. $\int x^2\sqrt{a + bx}dx = \frac{2}{105b^3}(15b^2x^2 - 12abx + 8a^2)\sqrt{(a + bx)^3} + C$

13. $\int \frac{x}{\sqrt{a + bx}}dx = \frac{2}{3b^2}(bx - 2a)\sqrt{a + bx} + C$

14. $\int \frac{x^2}{\sqrt{a + bx}}dx = \frac{2}{15b^3}(3b^2x^2 - 4abx + 8a^2)\sqrt{a + bx} + C$

15. $\int \frac{dx}{x\sqrt{a + bx}}dx = \frac{1}{\sqrt{a}}\ln\left|\frac{\sqrt{a + bx} - \sqrt{a}}{\sqrt{a + bx} + \sqrt{a}}\right| + C(a > 0) = \frac{2}{\sqrt{-a}}\arctan\sqrt{\frac{a + bx}{-a}} + C,(a < 0)$

16. $\int \frac{dx}{x^2\sqrt{a+bx}} = -\frac{\sqrt{a+bx}}{ax} - \frac{b}{2a}\int \frac{dx}{x\sqrt{a+bx}}$

17. $\int \frac{\sqrt{a+bx}}{x}dx = 2\sqrt{a+bx} + a\int \frac{dx}{x\sqrt{a+bx}}$

18. $\int \frac{\sqrt{a+bx}}{x^2}dx = -\frac{\sqrt{a+bx}}{x} + \frac{b}{2}\int \frac{dx}{x\sqrt{a+bx}}$

(三) 含有 $x^2 \pm a^2$ 的积分

19. $\int \frac{dx}{x^2+a^2} = \frac{1}{a}\arctan\frac{x}{a} + C$

20. $\int \frac{dx}{(x^2+a^2)^n} = \frac{x}{2(n-1)a^2(x^2+a^2)^{n-1}} + \frac{2n-3}{2(n-1)a^2}\int \frac{dx}{(x^2+a^2)^{n-1}}$

21. $\int \frac{dx}{x^2-a^2} = \frac{1}{2a}\ln\left|\frac{x-a}{x+a}\right| + C$

(四) 含有 ax^2+b ($a>0$) 的积分

22. $\int \frac{dx}{ax^2+b} = \frac{1}{\sqrt{ab}}\arctan\sqrt{\frac{a}{b}}x + C(b>0) = \frac{1}{2\sqrt{-ab}}\ln\left|\frac{\sqrt{a}x-\sqrt{-b}}{\sqrt{a}x+\sqrt{-b}}\right| + C, (b<0)$

23. $\int \frac{xdx}{ax^2+b} = \frac{1}{2a}\ln|ax^2+b| + C$

24. $\int \frac{x^2dx}{ax^2+b} = \frac{x}{a} - \frac{b}{a}\int \frac{dx}{ax^2+b}$

25. $\int \frac{dx}{x(ax^2+b)} = \frac{1}{2b}\ln\frac{x^2}{|ax^2+b|} + C$

26. $\int \frac{dx}{x^2(ax^2+b)} = -\frac{1}{bx} - \frac{a}{b}\int \frac{dx}{ax^2+b}$

27. $\int \frac{dx}{x^3(ax^2+b)} = \frac{a}{2b^2}\ln\frac{|ax^2+b|}{x^2} - \frac{1}{2bx^2} + C$

28. $\int \frac{dx}{(ax^2+b)^2} = \frac{x}{2b(ax^2+b)} + \frac{1}{2b}\int \frac{dx}{ax^2+b}$

(五) 含有 $\sqrt{x^2 \pm a^2}$ ($a>0$) 的积分

29. $\int \sqrt{x^2 \pm a^2}dx = \frac{x}{2}\sqrt{x^2 \pm a^2} \pm \frac{a^2}{2}\ln\left|x+\sqrt{x^2 \pm a^2}\right| + C$

30. $\int x\sqrt{x^2 \pm a^2}dx = \frac{1}{3}\sqrt{(x^2 \pm a^2)^3} + C$

31. $\int x^2\sqrt{x^2 \pm a^2}dx = \frac{x}{8}(2x^2 \pm a^2)\sqrt{x^2 \pm a^2} - \frac{a^4}{8}\ln\left|x+\sqrt{x^2 \pm a^2}\right| + C$

32. $\int \frac{dx}{\sqrt{x^2 \pm a^2}} = \ln\left|x+\sqrt{x^2 \pm a^2}\right| + C$

33. $\int \frac{xdx}{\sqrt{x^2 \pm a^2}} = \sqrt{x^2 \pm a^2} + C$

34. $\int \frac{dx}{x\sqrt{x^2+a^2}} = \frac{1}{a}\ln\frac{\sqrt{x^2+a^2}-a}{|x|}+C$

35. $\int \frac{dx}{x\sqrt{x^2-a^2}} = \frac{1}{a}\arccos\frac{a}{|x|}+C$

（六）含有 $\sqrt{a^2-x^2}$（$a>0$）的积分

36. $\int \sqrt{a^2-x^2}dx = \frac{x}{2}\sqrt{a^2-x^2}+\frac{a^2}{2}\arcsin\frac{x}{a}+C$

37. $\int x\sqrt{a^2-x^2}dx = -\frac{1}{3}\sqrt{(a^2-x^2)^3}+C$

38. $\int x^2\sqrt{a^2-x^2}dx = \frac{x}{8}(2x^2-a^2)\sqrt{a^2-x^2}+\frac{a^4}{8}\arcsin\frac{x}{a}+C$

39. $\int \frac{1}{\sqrt{a^2-x^2}}dx = \arcsin\frac{x}{a}+C$

40. $\int \frac{x}{\sqrt{a^2-x^2}}dx = -\sqrt{a^2-x^2}+C$

41. $\int \frac{x^2}{\sqrt{a^2-x^2}}dx = -\frac{x}{2}\sqrt{a^2-x^2}+\frac{a^2}{2}\arcsin\frac{x}{a}+C$

42. $\int \sqrt{(a^2-x^2)^3}dx = \frac{x}{8}(5a^2-2x^2)\sqrt{a^2-x^2}+\frac{3a^4}{8}\arcsin\frac{x}{a}+C$

（七）含有 $a+bx+cx^2$（$c>0$）的积分

43. $\int \frac{dx}{a+bx+cx^2} = \frac{2}{\sqrt{4ac-b^2}}\arctan\frac{2cx+b}{\sqrt{4ac-b^2}}+C,(b^2<4ac)$

$= \frac{1}{\sqrt{b^2-4ac}}\ln\left|\frac{\sqrt{b^2-4ac}-b-2cx}{\sqrt{b^2-4ac}+b+2cx}\right|+C,(b^2>4ac)$

44. $\int \frac{xdx}{a+bx+cx^2} = \frac{1}{2c}\ln|a+bx+cx^2|-\frac{b}{2c}\int\frac{dx}{a+bx+cx^2}$

（八）含有 $\sqrt{a+bx\pm cx^2}$（$c>0$）的积分

45. $\int \frac{dx}{\sqrt{a+bx+cx^2}} = \frac{1}{\sqrt{c}}\ln\left|2cx+b+2\sqrt{c}\sqrt{a+bx+cx^2}\right|+C$

46. $\int \frac{dx}{\sqrt{a+bx-cx^2}} = \frac{1}{\sqrt{c}}\arcsin\frac{2cx-b}{\sqrt{b^2+4ac}}+C$

47. $\int \sqrt{a+bx+cx^2}dx = \frac{2cx+b}{4c}\sqrt{a+bx+cx^2}+\frac{4ac-b^2}{8\sqrt{c^3}}\ln\left|2cx+b+2\sqrt{c}\sqrt{a+bx+cx^2}\right|+C$

48. $\int \sqrt{a+bx-cx^2}dx = \frac{2cx-b}{4c}\sqrt{a+bx-cx^2}+\frac{4ac+b^2}{8\sqrt{c^3}}\arcsin\left(\frac{2cx-b}{\sqrt{b^2+4ac}}\right)+C$

（九）含有三角函数的积分

49. $\int \sin x dx = -\cos x+C$

50. $\int \cos x dx = \sin x+C$

51. $\int \tan x \mathrm{d}x = -\ln|\cos x| + C$

52. $\int \cot x \mathrm{d}x = \ln|\sin x| + C$

53. $\int \sec x \mathrm{d}x = \ln|\sec x + \tan x| + C$

54. $\int \csc x \mathrm{d}x = \ln|\csc x - \cot x| + C$

55. $\int \sec^2 x \mathrm{d}x = \tan x + C$

56. $\int \csc^2 x \mathrm{d}x = -\cot x + C$

57. $\int \sec x \tan x \mathrm{d}x = \sec x + C$

58. $\int \csc x \cot x \mathrm{d}x = -\csc x + C$

59. $\int \sin^2 x \mathrm{d}x = \frac{x}{2} - \frac{1}{4}\sin 2x + C$

60. $\int \cos^2 x \mathrm{d}x = \frac{x}{2} + \frac{1}{4}\sin 2x + C$

61. $\int \sin^n x \mathrm{d}x = -\frac{1}{n}\sin^{n-1}x\cos x + \frac{n-1}{n}\int \sin^{n-2}x \mathrm{d}x$

62. $\int \cos^n x \mathrm{d}x = \frac{1}{n}\cos^{n-1}x\sin x + \frac{n-1}{n}\int \cos^{n-2}x \mathrm{d}x$

63. $\int \frac{\mathrm{d}x}{\sin^n x} = -\frac{1}{n-1} \cdot \frac{\cos x}{\sin^{n-1}x} + \frac{n-2}{n-1}\int \frac{\mathrm{d}x}{\sin^{n-2}x}$

64. $\int \frac{\mathrm{d}x}{\cos^n x} = \frac{1}{n-1} \cdot \frac{\sin x}{\cos^{n-1}x} + \frac{n-2}{n-1}\int \frac{\mathrm{d}x}{\cos^{n-2}x}$

（十）含有反三角函数的积分（其中 $a>0$）

65. $\int \arcsin\frac{x}{a}\mathrm{d}x = x\arcsin\frac{x}{a} + \sqrt{a^2-x^2} + C$

66. $\int x\arcsin\frac{x}{a}\mathrm{d}x = \left(\frac{x^2}{2} - \frac{a^2}{4}\right)\arcsin\frac{x}{a} + \frac{x}{4}\sqrt{a^2-x^2} + C$

67. $\int \arccos\frac{x}{a}\mathrm{d}x = x\arccos\frac{x}{a} - \sqrt{a^2-x^2} + C$

68. $\int x\arccos\frac{x}{a}\mathrm{d}x = \left(\frac{x^2}{2} - \frac{a^2}{4}\right)\arccos\frac{x}{a} - \frac{x}{4}\sqrt{a^2-x^2} + C$

69. $\int \arctan\frac{x}{a}\mathrm{d}x = x\arctan\frac{x}{a} - \frac{a}{2}\ln(a^2+x^2) + C$

70. $\int x\arctan\frac{x}{a}\mathrm{d}x = \frac{1}{2}(a^2+x^2)\arctan\frac{x}{a} - \frac{a}{2}x + C$

（十一）含有指数函数的积分（其中 $a>0$）

71. $\int a^x \mathrm{d}x = \frac{a^x}{\ln a} + C$

72. $\int e^{ax}\mathrm{d}x = \frac{e^{ax}}{a} + C$

73. $\int xe^{ax}\mathrm{d}x = \frac{1}{a^2}(ax - 1)e^{ax} + C$

74. $\int x^n e^{ax}\mathrm{d}x = \frac{1}{a}x^n e^{ax} - \frac{n}{a}\int x^{n-1}e^{ax}\mathrm{d}x$

75. $\int e^{ax}\sin bx\mathrm{d}x = \frac{1}{a^2 + b^2}e^{ax}(a\sin bx - b\cos bx) + C$

76. $\int e^{ax}\cos bx\mathrm{d}x = \frac{1}{a^2 + b^2}e^{ax}(b\sin bx + a\cos bx) + C$

（十二）含有对数函数的积分

77. $\int \ln x\mathrm{d}x = x\ln x - x + C$

78. $\int \frac{\mathrm{d}x}{x\ln x} = \ln|\ln x| + C$

79. $\int x^n \ln x\mathrm{d}x = \frac{1}{n + 1}x^{n+1}\left(\ln x - \frac{1}{n + 1}\right) + C$

80. $\int (\ln x)^n\mathrm{d}x = x(\ln x)^n - n\int (\ln x)^{n-1}\mathrm{d}x$

81. $\int x^m (\ln x)^n\mathrm{d}x = \frac{1}{m + 1}x^{m+1}(\ln x)^n - \frac{n}{m + 1}\int x^m (\ln x)^{n-1}\mathrm{d}x$

参考答案

第一章

一、选择题

1. C　2. A　3. C　4. C　5. A　6. D　7. A　8. B　9. C　10. D

二、填空题

1. （4，6）；$U(5，1)$　2. $y=\sin u$，$u=\ln t$，$t=2x$　3. $\dfrac{x}{x^2+1}$　4. y 轴　5. $e^{\sin x}$

三、思考题（略）

第二章

习题 2－1

1. （1）收敛；（2）收敛；（3）发散；（4）发散。
2. （1）错误；（2）错误；（3）错误。
3. （1）0；（2）1；（3）0；（4）不存在；（5）不存在；（6）1。
4. 不存在。
5. －1；2；不存在。

习题 2－2

1. （1）20；（2）0；（3）9；（4）0。
2. （1）$\sqrt{\dfrac{1}{6}}$；（2）ln7。

习题 2－3

1. （1）0；（2）0；（3）1；（4）$\dfrac{\alpha}{\beta}$。
2. （1）e^{-6}；（2）e^{-5}；（3）e^{-1}；（4）$e^{-\frac{1}{2}}$。

习题 2－4

1. （1）1；（2）0；（3）$\dfrac{1}{4}$；（4）0。
2. （1）错；（2）错；（3）错；（4）错。

习题 2－5

1. （1）错；（2）对；（3）错；（4）对；（5）错。

2. (1) $x=0$ 是间断点，是第一类间断点。

(2) $x=2$ 是间断点，是第二类间断点。

习题 2-6

1. (1) 0；(2) 2；(3) $\frac{1}{4}$；(4) 1。

2. (1) 1；(2) $\frac{1}{20}$。

习题 2-7

1. 证明从略。

2. 证明从略。

综合测试一

一、选择题

1. D　2. B　3. B　4. B　5. B　6. A　7. B　8. C　9. C　10. A

二、填空题

1. $\frac{2}{3}$　2. $e^{\frac{1}{2}}$　3. 4　4. $[-3, -2)\cup(2, 3]$　5. 4

三、计算题

1. (1) 2；(2) 6；(3) $\frac{5}{2}$；(4) $\frac{1}{4}$；(5) 1；(6) e^{-1}

2. $f(x)$ 在分段点 $x=1$ 处连续，$x=-1$ 处间断，所以其连续区间为 $(-\infty, -1)$ 和 $(-1, +\infty)$。

3. 利用零点定理证明，这里证明从略。

第三章

习题 3-1

一、选择题

1. C　2. A　3. A　4. D　5. B　6. A　7. B

二、填空题

1. $f'(a)$　2. $(m+n)f'(a)$　3. $x=-1$

三、计算题

1. 27。

2. -4。

3. (1) $-\frac{2}{x^3}$；(2) $\frac{2}{3\sqrt[3]{x}}$。

4. $2ax+b$，b，$a+b$，0。

5. (1) 连续不可导；(2) 连续不可导。

习题 3-2

一、选择题

1. D　2. A　3. C

二、计算题

1. $3x^2$

2. $12x^3+3x^2-12x-2$

3. $\frac{4x^3}{3}+\frac{12}{x^4}$

4. $\frac{4x}{(x^2+1)^2}$

5. $\left[\frac{1}{2\sqrt{x}}-\ln x\right]\sin x+\left[\sqrt{x}+\frac{1}{x}\right]\cos x$

6. $\frac{3}{(1+x^3)-\sqrt{1+x^3}}-\frac{3}{x}$

习题 3-3

一、选择题

1. A　2. A　3. D

二、填空题

1. $f'\{f[f(x)]\}\quad +f'[f(x)]\ f'(x)$

2. 1，$-\frac{4}{\pi^2}$

3. -1，$f'(x)=\begin{cases}2x\mathrm{arctg}\,\frac{1}{x}-\frac{x^2}{1+x^2}, & x\neq 0\\ -1, & x=0\end{cases}$，0

三、计算题

1. $20\ (1+2x)^9$

2. $\cot x$

3. $-5\sin 5x$

4. $-\frac{5x^4}{(3x-1)^6}$

5. $\frac{a^2-2x^2}{2\sqrt{a^2-x^2}}$

6. $\frac{2}{\sqrt{1-4x^2}}$

7. $-\frac{6}{9x^2+4}$

8. be^{a^2+bx+c}

习题 3-4

一、选择题

1. D　2. A　3. B　4. D

二、计算题

1. (1) $y'=4x^3$, $y''=12x^2$, $y'''=24x$, $y^{(4)}=24$, $y^{(5)}=y^{(6)}=\cdots=0$。

(2) $y'=\frac{1}{1+x}$, $y''=-\frac{1}{(1+x)^2}$, $y'''=\frac{2}{(1+x)^3}$, $\cdots$, $y^{(n)}=\frac{(-1)^{n-1}(n-1)!}{(1+x)^n}$。

(3) $y'=(1+x)e^x$, $y''=(2+x)e^x$, $y'''=(3+x)e^x$, $\cdots$, $y^{(n)}=(n+x)e^x$。

(4) $y'=m(1+x)^{m-1}$, $y''=m(m-1)(1+x)^{m-2}$, $y'''=m(m-1)(m-2)(1+x)^{m-3}$, $\cdots$, $y^{(n)}=m(m-1)\cdots(m-n+1)(1+x)^{m-n}$。

2. (1) $\frac{2(1-x^2)}{(1+x^2)^2}$; (2) $2\ln x+3$; (3) $2\arctan x+\frac{2x}{1+x^2}$; (4) $2(2x^2+1)e^{x^2}$。

习题 3-5

一、填空题

1. 1　2. 2　3. -1, $\frac{8\sqrt{2}}{3a\pi}$　4. $y+\frac{1}{3}=\frac{2}{3}(x-0)$

二、计算题

1. (1) $\sqrt{\frac{p}{2x}}$; (2) $\frac{(\ln y)^2}{\ln y-1}$; (3) $-\frac{2x+y}{x+2y}$; (4) $\frac{y}{x(y-1)}$。

2. (1) $1+x^x(\ln x+1)$; (2) $\frac{\sqrt{x+2}(3-x)^4}{(1+x)^5}\left[\frac{1}{2(x+2)}+\frac{4}{x-3}-\frac{5}{x+1}\right]$。

3. (1) $2t$; (2) $\frac{e^y\cos t}{(1-e^y\sin t)(6t+2)}$。

习题 3-6

一、选择题

1. C　2. A

二、填空题

1. $2e^x\cos x\mathrm{d}x$　2. $-e^{-x}f'(e^{-x})\cos f(e^{-x})\,\mathrm{d}x$

三、计算题

1. 0.02。

2. (1) $6x\mathrm{d}x$; (2) $-\frac{x}{\sqrt{1-x^2}}\mathrm{d}x$; (3) $\frac{3}{x}\mathrm{d}x$; (4) $\frac{1}{2}\sec^2\frac{x}{2}\mathrm{d}x$; (5) $(a+2bx)e^{ax+bx^2}\mathrm{d}x$;

(6) $2\cos(2x+3)\mathrm{d}x$。

3. $78.5\mathrm{cm}^3$

4. (1) 0.99; (2) 2.0017; (3) 0.7954; (4) 0.01。

综合测试二

一、选择题

1. B　2. B　3. B　4. D　5. B　6. A　7. A　8. C

二、填空题

1. $y-e=\frac{1}{e}(x-1)$　2. >0, >2　3. 2　4. 24, 0　5. 0.97

三、计算题

1. (1) $4^x \cdot \ln4 + \frac{2}{x^2} + 3\sec^2 x$

(2) $1 + \ln x$

(3) $\sec x \cdot \left[\sqrt{x} \cdot (\tan^2 x + \sec^2 x) + \frac{\tan x}{2\sqrt{x}}\right]$

(4) $\frac{\cos x - \sin x - 1}{(1 - \cos x)^2}$

(5) $\begin{cases} \frac{e^x (x-1) + 1}{x^2}, & x \neq 0 \\ \frac{1}{2}, & x = 0 \end{cases}$

(6) $-\frac{1}{x^2 + 1}$

(7) $-\frac{1}{1 + x^2}$

(8) $-\frac{\csc^2 \frac{x}{2}}{4\sqrt{\cot \frac{x}{2}}}$

(9) $-\tan t$

(10)

$$\left[\frac{8x^3 - 9x^2 + 6x - 3}{(1-x)(1-2x)(1+x^2)} - \frac{132x^5 + 61x^4 + 4x^3 + 80x + 13}{(1+5x)(1+8x)(1+x^4)}\right]\frac{\sqrt[3]{\frac{(1-x)(1-2x)(1+x^2)}{(1+5x)(1+8x)(1+x^4)}}}{3}$$

2. 计算下列高阶导数

(1) $\sum_{k=0}^{100} C_{100}^k \left(\frac{1}{x+2}\right)^{(100-k)} \left(\frac{1}{x+3}\right)^{(k)}$

(2) $(-1)^n n!\ x^{-n-1}$

(3) $\frac{\sin t}{(\cos t - 1)^2}$

(4) $\frac{\sec^2(x+y)[2\tan(x+y) - 1]}{[1 - \sec^2(x+y)]^2}$

3. $a = 2x_0$，$b = -x_0^2$

4. $y - y_0 = -\frac{bx_0^2}{a^2 y_0}(x - x_0)$

四、思考题

设火车行驶的速度为 x（千米/小时）时，火车从甲城开往乙城的总费用最省。

1 小时的燃料费 P 元与速度 v（公里/小时）的函数关系可以表示为 $p = kx^3$。

又 $\because 40 = k\,20^3$，$\therefore k = \frac{1}{200}$，$\therefore p = \frac{1}{200}v^3\ (v > 0)$

设从甲地行驶到乙地所需的费用总和为 y 元，

则 $p=\frac{1}{200}v^3$

则 $y=\frac{a}{x}\left(\frac{1}{200}x^3+200\right)=a\left(\frac{1}{200}x^2+\frac{200}{x}\right)(100\geqslant x>0)$

$\therefore y'=a\left(\frac{1}{100}x+\frac{200}{x^2}\right)$

由 $y'=0$，得 $x=10\sqrt[3]{20}$（公里/小时），

又$\because$ 当 $x<10\sqrt[3]{20}$时，$y'<0$；当 $x>10\sqrt[3]{20}$时，$y'>0$。

$\therefore$ 当速度为 $10\sqrt[3]{20}$公里/小时时，航行所需的费用总和为最小。

第四章

习题 4－1

1.（1）不满足；（2）不满足；（3）不满足；（4）满足。

2. 满足，此时 $\zeta=\frac{1}{3}$。

3. 证明：令 $f(x)=\arctan x$，由拉格朗日中值定理可得，存在 $\zeta\in(a,b)$，使得 $f'(\zeta)=\frac{f(b)-f(a)}{b-a}$，即 $\frac{(b-a)}{1+\zeta^2}=f(b)-f(a)=\arctan b-\arctan a$

$\therefore |\arctan a-\arctan b|=\frac{|a-b|}{1+\zeta^2}\leqslant|a-b|$

4. 证明：设 $f(x)=e^x-ex$，显然 $f(x)$ 在区间 $[1,x]$ 上满足拉格朗日中值定理的条件。于是

$f(x)-f(1)=f'(\zeta)(x-1)$，$(1<\zeta<x)$，由于 $f(1)=0$，$f'(x)=e^x-e$，所以有：

$f(x)=(e^\zeta-e)(x-1)>0$，即 $e^x-ex>0$，所以 $e^x>ex$。

5. 证明：令 $f(x)=x^5+x-1$，

假设 $x^5+x-1=0$ 有 2 个或 2 个以上的正根，

即存在 x_1，$x_2>0$ 使得 $f(x_1)=f(x_2)=0$，不妨设 $x_1<x_2$，由罗尔定理可得：

存在 $\zeta\in(x_1,x_2)$，使得 $f'(\zeta)=0$，即 $5\zeta^4+1=0$，这显然不成立。

$\therefore$ 方程 $x^5+x-1=0$ 至多只有一个正根。

又 $f(0)=-1$，$f(1)=1$，$\therefore f(0)\ f(1)=-1<0$，

由介值定理可知：存在 $a\in(0,1)$，使 $f(a)=0$

综上所证方程 $x^5+x-1=0$ 只有一个正根。

6. 证明：令 $f(x)=x^n$，显然 $f(x)$ 在 $[b,a]$ 上满足拉格朗日定理，

$\therefore$ 存在 $\zeta\in(b,a)$，使得 $f'(\zeta)=\frac{f(a)-f(b)}{a-b}$

即 $n(a-b)\zeta^{n-1}=a^n-b^n$ 又$\because \zeta\in(b,a)$，$\therefore b^{n-1}<\zeta^{n-1}<a^{n-1}$

$\therefore n(a-b)b^{n-1}<n(a-b)\zeta^{n-1}<n(a-b)a^{n-1}$

即：$nb^{n-1}(a-b)<a^n-b^n<na^{n-1}(a-b)$

7. 证：∵ 函数$f(x)$ 在 $x=0$ 的某邻域内具有 n 阶导数。

由柯西中值定理可得：存在$\zeta_1\in(0,x)$，使

$$\frac{f(x)}{x^n}=\frac{f(x)-f(0)}{x^n-0^n}=\frac{f'(\zeta_1)}{n\zeta_1^{\ n-1}}=\frac{f'(\zeta_1)-f'(0)}{n\zeta_1^{\ n-1}-0}$$

反复运用柯西中值定理可得

存在$\zeta_2\in(0,\zeta_1)$，$\zeta_3\in(0,\zeta_2)$，$\cdots\zeta_n\in(0,\zeta_{n-1})\subset(0,x)$ 使得：

$$\frac{f(x)}{x^n}=\frac{f'(\zeta_1)-f'(0)}{n\zeta_1^{\ n-1}-0}=\frac{f''(\zeta_2)-f''(0)}{n(n-1)\zeta_2^{\ n-2}-0}=\cdots=\frac{f^{(n)}(\zeta_n)}{n!}$$

即存在 $\theta\in(0,1)$，使 $\theta x=\zeta_n\in(0,x)$，使得：$\dfrac{f(x)}{x^n}=\dfrac{f^{(n)}(\theta x)}{n!}$ $(0<\theta<1)$。

习题 4-2

1. (1) $\frac{4}{3}$；(2) $\frac{1}{2}$；(3) 1；(4) 3；(5) 1；(6) e^a；(7) 1；(8) 1；(9) 1；(10) 1。

2. $$\lim_{t\to0}\frac{f(x+2t)-2f(x+t)+f(x)}{t^2}=\lim_{t\to0}\frac{2f'(x+2t)-2f'(x+t)}{2t}$$
$$=\lim_{t\to0}\frac{f'(x+2t)-f'(x+t)}{t}$$
$$=f''(x)$$

习题 4-3

1.

(1)

x	$(-\infty,1]$	$[1,2]$	$[2,+\infty)$
$f'(x)$	+	−	+
$f(x)$	↗	↘	↗

(2)

x	$(-1,0)$	$(0,+\infty)$
$f'(x)$	−	+
$f(x)$	↘	↗

(3) $f(x)$ 在 $(-\infty,-1-\sqrt3)$ 上增函数，在 $(-1-\sqrt3,-1+\sqrt3)$ 上是减函数，在 $(-1+\sqrt3,+\infty)$是增函数。

(4) $f(x)$ 在 $(0,1)$ 上是增函数，在 $(1,+\infty)$ 上是减函数。

2.

(1) 函数$f(x)$ 的定义域为 $(-\infty,+\infty)$，$f'(x)=6x^2-6x$，$f''(x)=12x-6$

令$f'(x)=0$，得驻点 $x_1=0$，$x_2=1$，

且$f''(0)=-6<0$，所以$f(0)=0$ 为极大值；$f''(1)=6>0$，所以$f(1)=-1$ 为极小值。

(2) 函数$f(x)$ 的定义域为 $(-\infty,+\infty)$，$f'(x)=(4x-2)(x+1)^2$，$f''(x)=12x^2-12x$

令$f'(x)=0$，得驻点 $x_1=-1$，$x_2=\frac{1}{2}$，

且$f''(-1)=24>0$，所以$f(-1)=0$ 为极小值；$f''\left(\frac{1}{2}\right)=-3<0$，所以$f\left(\frac{1}{2}\right)=-\frac{27}{16}$为极大值。

(3) 函数$f(x)$ 的定义域为 $(-\infty, +\infty)$，$f'(x)=2e^x-e^{-x}$，$f''(x)=2e^x+e^{-x}$

令$f'(x)=0$，得驻点 $x=\frac{1}{2}\ln\frac{1}{2}$，且$f''\left(\frac{1}{2}\ln\frac{1}{2}\right)=2\sqrt{2}>0$，

所以$f\left(\frac{1}{2}\ln\frac{1}{2}\right)=2\sqrt{2}$为极小值。

(4) 函数$f(x)$ 在 $x=1$ 处取得极大值$f(1)=0$。

(5) 函数$f(x)$ 在 $x=1$ 处取得极大值$f(1)=1$。

(6) 函数$f(x)$ 在 $x=1$ 处取得极小值$f(1)=2$。

习题 4－4

1. (1) 最大值：$f(3)=46$，最小值：$f(-3)=-98$； (2) 最大值：$f(3)=11$，最小值：$f(2)=-14$；(3) 最大值：$f(4)=80$，最小值：$f(-1)=-5$。

2. 每批生产 $x=250$，最大利润 425 万元。

习题 4－5

1.

(1) 由二阶导数性质，函数为凸函数。

(2) 由二阶导数性质，函数为凹函数。

(3) 函数在 $(-\infty, 0)$ 内是凸的，函数在 $(0, +\infty)$ 是凹的

(4) 函数在 $(-\infty, 0)$，$\left(\frac{1}{4}+\infty\right)$内是凹的，在$\left(0, \frac{1}{4}\right)$是凸的。

2.

(1) 函数在 $(-\infty, 2)$ 内是凸的，在 $[2, +\infty)$ 是凹的，拐点是 $(2, 0)$。

(2) 凸区间在$\left(-\infty, \frac{5}{3}\right)$，凹区间在$\left(\frac{5}{3}, +\infty\right)$，拐点：$\left(\frac{5}{3}, \frac{20}{27}\right)$。

(3) 凸区间 $(-\infty, -1)$，$(1, +\infty)$，凹区间 $(-1, 1)$，拐点：$(-1, \ln 2)$，$(1, \ln 2)$

习题 4－6

1.

(1) $y=0$ 是曲线$f(x)=\frac{1}{|x|}$水平渐近线，$x=0$ 是曲线$f(x)=\frac{1}{|x|}$垂直渐近线。

(2) $y=-1$ 是曲线$f(x)=e^x-1$ 的水平渐近线。

(3) $y=0$ 是曲线$f(x)=\frac{2x}{1+x^2}$的水平渐近线。

2. (1) 略；(2) 略。

综合测试三

一、选择题

1. D 2. B 3. B 4. A 5. C 6. B 7. D 8. C 9. C 10. D

二、填空题

1. 2 2. 8；0 3. 极小值；极大值 4. 由二阶函数性质，函数为凹函数 5. 单调增区间在 $(-\infty, -1)$，$(0, +\infty)$

三、计算题

1. 1　2. −1　3. ∞　4. ∞　5. 2

四、综合应用题

1. 最大值$f(2)=10$，最小值$f(0)=-6$。
2. 极大值$\frac{4}{e^2}$，极小值0。
3. 当$a=-\frac{3}{2}$，$b=\frac{9}{2}$时，(1，3) 为拐点。
4. 函数在 $(-\infty,0)$ 内为凹区间，在 $(0,+\infty)$ 上为凸区间。
5. $y=0$ 是水平渐近线。
6. 略。

第五章

习题 5－1

1. (1) $\frac{3}{4}x^{\frac{4}{3}}-\ln|x|+x+C$；　(2) $\frac{2}{9}x^{\frac{9}{2}}+C$；

(3) $\sin x-2e^x+2\arcsin x+C$；　(4) $\frac{8}{15}x^{\frac{15}{8}}+C$；

(5) e^x+x+C；　(6) $\tan x-\sec x+C$；

(7) $2x+\frac{3\left(\frac{2}{3}\right)^x}{\ln 3-\ln 2}+C$；　(8) $\sin x-\cos x+C$。

2. $y=\frac{1}{4}x^4+x$

习题 5－2

1. (1) $-\frac{1}{3}\ln|2-3x|+C$；　(2) $\frac{1}{3}(\ln x)^3+C$；

(3) $-\frac{1}{\arcsin x}+C$；　(4) $\frac{1}{3}\sin^3x-\frac{1}{5}\sin^5x+C$；

(5) $4\sqrt[4]{x}-4\arctan\sqrt[4]{x}+C$；　(6) $\frac{2}{7}\sqrt{(x+1)^7}-\frac{4}{5}\sqrt{(x+1)^5}+\frac{2}{3}\sqrt{(x+1)^3}+C$；

(7) $\frac{1}{2}\ln(2x+\sqrt{4x^2+9})+C$；　(8) $\frac{x}{\sqrt{x^2+1}}+C$。

2. $\sqrt{x^3+1}+\frac{3}{2}\frac{x^3}{\sqrt{x^3+1}}+C$

习题 5－3

1. (1) $-x\cos x+\sin x+C$；　(2) $\frac{1}{3}x^3\ln x-\frac{1}{9}x^3+C$；

(3) $x\arcsin x+\sqrt{1-x^2}+C$；　(4) $-e^{-x}(x+1)+C$；

(5) $\frac{1}{2}x^2\arctan x-\frac{1}{2}x+\frac{1}{2}\arctan x+C$;　(6) $3e^{\sqrt[3]{x}}\left(\sqrt[3]{x^2}-2\sqrt[3]{x}+2\right)+C$;

(7) $\frac{e^{-x}(\sin x-\cos x)}{2}+C$;　(8) $\frac{a^2}{2}\arcsin\frac{x}{a}-\frac{x\sqrt{a^2-x^2}}{2}+C$。

2. $\int e^x\sin x\mathrm{d}x=\frac{1}{2}e^x(\sin x-\cos x)+C$

习题 5 -4

(1) $\frac{1}{2}\ln\left|2x+\sqrt{4x^2-9}\right|+C$　(2) $\frac{x}{2}\sqrt{2x^2+9}+\frac{9\sqrt{2}}{4}\ln\left(\sqrt{2}x+\sqrt{2x^2+9}\right)+C$

(3) $\frac{e^{2x}}{5}(\sin x+2\cos x)+C$　(4) $\left(\frac{x^2}{2}-1\right)\arcsin\frac{x}{2}+\frac{x}{4}\sqrt{4-x^2}+C$

(5) $x\ln x-x+C$　(6) $\arccos\frac{1}{|x|}+C$

第六章

习题 6 -1

一、1. D　2. D　3. C　4. A　5. C

二、证明略

三、$\frac{5}{2}$

习题 6 -2

一、1. B　2. C　3. C　4. B　5. C

二、1. $\frac{1}{3}$　2. $2\frac{1}{2}$　3. $2(2-\ln 3)$　4. $\frac{7}{288}\pi^2$

三、$4-2\ln 2$

习题 6 -3

一、1. $\frac{\pi^2}{32}$　2. $\frac{a^2\pi}{4}$　3. $\frac{2}{3}$　4. 0

二、1. -2　2. $\pi-2$　3. $\frac{\pi}{12}-1+\frac{\sqrt{3}}{2}$　4. $2(2-\sqrt{e})$

三、证明略

习题 6 -4

一、1. $2\pi+\frac{4}{3}$、$6\pi-\frac{4}{3}$　2. $\frac{3}{2}-\ln 2$

二、$3\pi a^2$

三、$\frac{4}{3}$

四、$\frac{3}{16}\pi$

五、16411. 73

六、0.18k(J)

综合测试四

一、选择题

1. C 2. A 3. A 4. B 5. D 6. C 7. D 8. B 9. B 10. C

二、填空题

1. 0 2. $\cos x$ 3. 2 4. 0 5. 3 6. $\int_1^3 (x^2+1)\mathrm{d}x$ 7. $\frac{32}{3}$ 8. $1+\frac{3\sqrt{2}}{2}$ 9. $\int_{t_1}^{t_2} q(t)\mathrm{d}t$

10. $\pi\int_a^{2a}\left(\frac{a}{x}\right)^2\mathrm{d}x$

三、计算题

1. （1）0；（2）2π。

2. （1）$-\frac{x}{\ln x}$；（2）$-e^x-2xe^{x^4}$。

3. （1）1；（2）$\frac{1}{2}$。

4. （1）$e+\frac{1}{2}$；（2）$\frac{1}{4}$；（3）$\ln(1+e)-\ln 2$；（4）1；（5）$\frac{1}{5}(e^{\pi}-2)$；（6）$\frac{\pi}{2}$。

四、综合应用题

1. $25\frac{3}{5}$ 2. $\frac{16R^3}{3}$ 3. $\frac{512}{15}$

第七章

习题 7－1

1. （1）1；（2）2 。

2. （1）$y=\frac{x^3}{3}+C$；（2）$y=-\cos x+C$。

3. （1）$y=\frac{x^3}{6}+\frac{x^2}{2}+C_1x+C_2$；（2）$y=\frac{x^6}{120}+C_1\frac{x_2}{2}+C_2x+C_3$。

习题 7－2

1. （1）$y=Ce^{\sin x}$；（2）$y=Ce^{x+\frac{x^2}{2}}$。

2. （1）$y=-\frac{2}{x^2+C}$；（2）$y=\frac{1}{\frac{1}{x}+C}$；（3）$y=C\cdot e^{-\frac{1}{2}x^2}$。

习题 7－3

1. $y=Ce^{-\sin x}$

2. $y=\frac{x}{2}(\ln x)^2+Cx$

3. $y=e^{-\sin x}(x+C)$

习题 7－4

1. （1）$y=C_1e^{2x}+C_2e^{3x}$；（2）$y=C_1e^{-5x}+C_2xe^{-5x}$；（3）$y=e^{2x}(C_1\cos x+C_2\sin x)$。

2. （1）$y=C_1e^{-3x}+C_2e^{-4x}$；（2）$y=C_1e^{-x}+C_2xe^{-x}$；（3）$y=e^{3x}(C_1\cos 2x+C_2\sin 2x)$。

综合测试五

一、选择题

1. A 2. B 3. C 4. A 5. B

二、填空题

1. $y=\frac{1}{24}x^4+C_1\frac{1}{2}x^2+C_2x+C_3$　　2. $y=Ce^x$

3. $y=C_1e^x+C_2xe^{-x}$　　4. $y=C_1+C_2e^x$

5. $y=C_1+C_2e^x+C_3e^{-x}$

三、计算题

1. $y=xe^{-x}+Ce^{-x}$　　2. $y=C\sin x$

3. $y=e^{-3x}(C_1\cos x+C_2\sin x)$　　4. $y=C_1e^{3x}+C_2e^{6x}$

5. $y=C_1e^{-4x}+C_2xe^{-4x}$